동에 번쩍 서에 번쩍

우리나라 지리 이야기

조지욱 지음

사□계절

징검돌을 놓으며…

1992년 미국에 있는 요세미티 국립공원에 간 적이 있다. 그곳에는 책과 TV에서 보았던 천연의 숲과 골짜기가 있었다. 나는 장엄한 대자연을 향해 마구 사진을 찍어 대기 시작했다.

그러던 중 네 컷의 만화로 된 안내판을 발견하였다. 내용은 요세미티의 U자 모양 골짜기가 아주 옛날 빙하에 의해 만들어졌다는 것이었다. 만화는 철판에 깔끔하고 단순하게 그려져 있었고 중학교 수준의 영어로 간단한 설명이 붙어 있었다.

네 컷의 만화는 지리적 사실을 표현했지만, 지리를 전공하지 않은 사람이 봐도 쉽게 읽고 이해할 수 있었다. 그곳에 와서 만화를 본 사람들은 모두 도움을 받았을 것이다. 그때부터 나의 꿈은 대한민국 곳곳에 철판으로 된 네 컷 만화를 만드는 것이 되었다. 아주 쉬운 말과 사실적이면서도 단순한 그림으로 우리 국토의 지리적 의미를 많은 사람에게 보여 주며 작은 도움이 되고 싶다. 아직도 그 꿈은 이루고 싶은, 남아 있는 꿈이다. 이 책은 바로 그 긴 시간을 엮은 것이다.

나는 올해로 29년째 교직 생활을 하고 있다. 그동안 교과서가 다섯 번 바뀌었다. 2000년 초 7차 교육 과정 이후, 우리나라의 교과서는 과거보다 세련되고, 쉽고, 친절해졌다. 하지만 실제로 학교 현장에서 학생들을 가르쳐 보면 여전히 많은 학생이 교과서를 어려워한다. 학생과 교과서 사이가 아직은 먼 것 같다. 그래서 '그 사이에 징검돌을 놓듯 재미있고 쉬운 책 한 권을 놓아 주면 어떨까?', '높은 곳으로 올라갈수록 기온이 내려간다는 사실을 이해하기 어렵다는 학생 손을 잡고 높은 산 위로 올라가 시원한 바람을 함께 쐬면 평생 기억하겠지.' 하는 생각들이 꼬리에 꼬리를 물다『동에 번쩍 서에 번쩍 우리나라 지리 이야기』 출간으로 이어졌고, 초판이 나온 지 13년이란 세월이 흘렀다. 세월이 흐르다 보니 세상이 바뀌었다. 지리학은 시의성에 민감한 학문이다. 특히, 경제나 도시, 인구, 환경 문제, 세계화 등은 10년이 넘는 세월 속에서 눈에 띄게 바뀌었다. 이런 부분을 바꿀 필요가 있어, 개정판을 내게 되었다.

이 책을 읽은 학생들에게 교과서가 쉬워지고, 지리 공부가 재밌어지기를 바란다. 또한, 우리 국토의 현실을 지리적 관점에서 이해하고, 우리 사회가 어떻게 발전해 왔는지를 공간을 통해 이해하기 바란다. 그리고 조금 더 욕심을 내 본다. 지리를 이해함으로써 학생들이 올바른 관점으로 세상을 바라볼 수 있게 되기를…. 그리하여 지구촌의 문제와 우리 사회의 문제를 제대로 알고 해결할 수 있게 되면 참 좋겠다. 이것은 어떻게 살 것인가 하는 청소년기의 깊은 고민과도 연결될 수 있을 것인데 이 책이 그 고민을 푸는 실마리가 되기를 바란다.

마지막으로 부족한 글을 책으로 엮어 준 사계절출판사 여러분께 진심으로 감사드린다.

2021년 1월
조지욱

차례

① 산 이야기

지형이란 땅의 모양을 말한다. 지구의 껍데기에 해당하는 지각의
표면에는 여러 가지 지형이 펼쳐진다. 그중에서도 하늘을 향해 솟아 있는
지형을 산이라고 한다. 우리나라에서 가장 인상 깊은 지형은 아마
산일 것이다. 사방을 둘러보면 산이 눈에 들어오지 않는 곳이 거의 없다.
그래서 옛이야기에도 산신이 곧잘 등장하는 것 아닐까?

지리학적으로 산을 이해하려면 땅이 올라가는 융기, 내려가는 침강,
땅을 깎고 쌓는 침식과 퇴적 등 산을 만들고 변화시키는 목수를 이해해야
한다.

'산 이야기'에서는 산맥과 산줄기 그리고 화산과 고원 등을 통해
우리의 정서에 깊이 스며들어 있는 산을, 그 형성 원인에서부터 형태,
그리고 토지 이용까지 알아보자.

지리학이란?

우리나라 속담에 '사람이 나면 서울로 보내고, 말(馬)이 나면 제주로 보내라.'는 말이 있다. 이것은 사람이든 말이든 '어디에 있느냐'가 매우 중요하다는 뜻으로, 공간의 중요성을 강조할 때 쓰는 말이다.

내가 노력하는 만큼이나 내가 지금 존재하는 곳, 다시 말해 '내가 어디에 있느냐'가 내 운명에 큰 영향을 준다. 내가 서울말을 쓰는 것은 서울에서 태어나 살았기 때문이고, 지금 만나는 친한 친구들은 어렸을 적 한동네에서 밤늦게까지 함께 뛰어놀던 이들이다.

이와 같이 지리학이란 우리가 살고 있는 공간을 중심으로 인간과 자연, 그리고 인간과 인간과의 관계를 따지는 학문이다.

지리를 모르면 어떻게 될까?

1990년대 초 이라크 전쟁 때 미국의 최첨단 무기가 사막에서는 고물 취급을 당했다. 바람에 날리는 사막의 가는 모래가 첨단 무기에 오작동을 일으킨 것이다. 무기를 제조할 때 사막 지역의 일교차가 30°C에 이르고 풀이나 나무가 거의 없어 모래 바람이 엄청나게 분다는 사실을 참고했더라면 값비싼 무기가 그렇게 고물이 되지는 않았을 것이다. 지리를 모르는 무기 제조업자는 결국 막대한 예산만 축내고 말았다.

지리는 기후, 지형과 같은 자연환경을 비롯하여 종교, 민족, 관습, 언어 등 사람이 사는 곳에서 나타나는 사회·문화적 현상을 대상으로 한다. 지리의 중요성은 날이 갈수록 더해지고 있다. 왜냐하면 자연과 환경 문제가 점점 더 커지고 있고, 경제적으로는 국경선이 사라지고 있는 세계화 시대이기 때문이다. 우리의 지리적 현실, 그리고 우리와 경쟁하고 협력하는 다른 나라의 지리를 안다는 것은 그 나라 사람들과 대화할 수 있는 언어를 배우는 것만큼 중요하다.

우리나라는 산의 나라

우리나라에는 산이 매우 많다. 남한의 약 65%, 북한의 약 70%가 산이다. 세계의 지형을 나타낸 지도를 보면 우리나라는 온통 산으로 표현되어 있어서 '아, 우리나라는 산의 나라구나!' 하는 생각이 든다. 우리의 산은 히말라야나 알프스처럼 높고 험준하지 않아서 우리나라 사람들은 산을 두려워하기보다는 편안한 어머니처럼 여긴다.

어떤 외국 사람이 우리나라 산을 보고 비산비야(非山非野), 곧 "산도 아니고, 들도 아니다."라고 했다. 아마 그 외국 사람은 해발고도 500m 미만의 구릉성 산들이 많은 우리나라의 서쪽과 남쪽을 주로 구경한 것 같다. 만약 그 사람이 우리나라의 북쪽 지방이나 동쪽 지방을 가 보았다면 '비산비야'라고 말하지 않았을 것이다. 북쪽 지방에는 2000m가 넘는 높은 산지들이 즐비하고, 개마고원이라는, 우리나라의 지붕으로 불리는 높은 고원도 있다. 개마고원 지대에서 뻗어 내려오는 산줄기는 중부 지방의 동쪽, 태백산맥으로 이어진다. 태백산맥에는 1500m가 넘는 산지 든이 동해안을 따라 나란히 달리고, 남부 지방에 이르러서는 동쪽의 태백산맥과 중앙부의 소백산맥으로 나뉜다.

북한산은 정말 땅속에 있었을까?

북한산은 북한에 없고, 서울에 있다. 지하철 3호선 구파발역에 내리면 북한산 가는 버스가 있다. 이 이야기를 하는 이유는, 북한산성은 북한에 있고 남한산성은 남한에 있다고 아는 학생들이 많기 때문이다. 우습지만, 사실이다.

"산은 어떻게 만들어졌을까?" 하고 물어보면, 어떤 학생은 "낮은 땅이 솟아올라서 되었다."고 하고, 또 어떤 학생은 "높은 고원에 골짜기가 파이면서 산이 만들어졌다."고 한다. 그런가 하면 "지하의 마그마가 터져서 용암이 쌓여 산이 됐다."고 말하는 학생도 있다. 누가 맞을까? 모두 정답이다. 이처럼 지금 우리가 보고 있는 산은 여러 가지 원인으로 만들어졌다.

그런데 "산이 옛날에 땅속에 있었다."고 하면 믿는 사람이 드물 것이다. 하지만 마치 흙 속에 고구마나 감자가 있듯, 땅 밑에 묻혀 있던 산도 있다. 북한산은 중생대 때 지표 가까이까지 올라온 마그마가 딱딱하게 굳어져 땅속에 있다가 산이 된 곳이다.

조선의 수도를 한양으로 정한 무학 대사가 북한산과 한강을 보고,

인왕산 인왕산은 화강암으로 이루어져 있다.
화강암은 마그마가 지하 깊은 곳에서 굳어진 암석이다.

이곳이 명당임을 단번에 알아보았다고 할 만큼, 북한산은 우리나라 최고의 명산(名山) 중 하나다. 북한산은 화강암 덩어리로 되어 있는데, 화강암은 마그마가 지하 깊은 곳에서 긴 시간에 걸쳐 굳어진 암석이다. 그런데 이 암석을 덮고 있던 땅이 오랜 세월 동안 강수, 바람, 빙하에 깎여 사라진 뒤 땅속 마그마 덩어리가 지표 위로 드러난 것이다.

이렇게 되는 데 얼마나 오랜 시간이 걸렸을까? 중생대 때부터니까 수억 년은 걸렸을 것이다. 금강산 1만 2000봉과 설악산도 모두 화강암이고, 북한산처럼 지하에서 굳어진 마그마가 지표 위로 올라온 것이다. 우리나라 땅이 오래되었다는 주장의 근거를 물으면 북한산 이야기를 해주면 된다.

우리나라에도 빙하 지형이 있을까?

지금으로부터 약 1만 8000년 전에 빙하기의 절정기가 끝나고 기온이 지속적으로 상승하면서 많은 양의 얼음이 녹았다. 이후 계속 해수면이 올라가 현재의 해수면 높이에 이른 것이 약 6000년 전이다. 만약 지금 빙하가 다 녹으면 약 60m 정도 해수면이 상승한다고 한다.

빙하 시대에는 캐나다와 미국 복판까지 대륙 빙하가 덮였고, 시베리아 지역도 마찬가지였다. 그리고 우리나라 북부 지방의 높은 산악 지대에도 빙하가 덮였다. 그걸 어떻게 알 수 있을까?

지금 북부 지방에는 만년설도 없는데, 그곳에 빙하가 있었다니 믿기지 않는 것은 당연하다. 하지만 '오늘의 모습은 과거를 푸는 열쇠'라는

말이 있다. 권곡(Kar)이라는 반원 극장 모양의 지형이 백두산 주변에서 발견되면서 북한의 고산 지역에 빙하가 있었다는 것이 밝혀졌다. 권곡은 빙하 침식 작용으로 생긴 빙하 침식 계곡을 말한다. 빙하기 때 산 정상 주변의 오목한 지형에 눈이 쌓여서 만들어진 얼음이 자체의 엄청난 무게로 지형을 침식시켜 땅을 크고 깊은 반원 극장 모양의 웅덩이 땅으로 바꿔 놓은 것이다.

백두산에서 지리산까지 한 번도 물을 건너지 않고 갈 수 있을까?

우리나라에서는 '산' 하면 백두산이 가장 먼저 떠오르고, '강' 하면 한강, '산맥' 하면 태백산맥을 떠올리는 사람이 많다. 태백산맥은 우리 조상이 붙여 준 이름이 아니라, 일제 강점기에 일본 학자가 우리나라의 지질을 조사하여 우리의 산줄기를 여러 개의 산맥으로 토막 낸 다음 붙인 이름이다. 원래는 우리 조상이 물려준 '백두대간'이라는 좋은 이름이 있었다.

'백두대간'이란 무엇을 말하는 것일까? 헬기를 타고 하늘에서 보면 백두산에서 지리산까지 이어지는 산줄기가 보이는데, 그것이 바로 우리 국토의 척추를 이루는 백두대간이다. 백두대간의 모습

백
두
대
간

은 조선 시대에 만들어진 산경도라는 지도에 잘 나타나 있다. 백두산은 마천령산맥에 있고, 지리산은 1000리나 떨어진 소백산맥에 있다. 그런데 백두대간을 따라 가면 백두산에서 끊어짐 없이 능선이 이어져 지리산에 닿는다. 이처럼 백두대간은 어떠한 역경에도 굴하지 않는 힘의 원천인 우리 민족의 기(氣)가 흐르는 산줄기이다.

산경도를 보면 우리 국토의 산줄기들은 몸속의 혈관처럼 모두 이어져 있어서 우리 민족이 남과 북으로 갈라져 있어도 본래 하나의 민족임을 말해 주는 듯하다.

그런데 산경도는 지금의 산맥도와 일치하지 않는다. 지리학에서는 오랜 시간에 걸쳐 지각의 다양한 운동으로 만들어진 산맥을 그 형성 과정과 지질 연구를 통해 파악하게 된다. 그래서 침식을 많이 겪은 오래된 땅인 우리 국토의 산줄기와 산맥의 표시가 일치하지 않는 것은 당연하다.

태백산맥은 어떻게 만들어졌을까?

수억 년 된 지형의 형성 과정을 마치 얼마 전에 있었던 사건처럼 사실로 확인하기는 불가능하다. 하지만 지형은 이곳저곳에 형성 과정의 문제를 풀 수 있는 열쇠를 놓아두었다. 그것을 토대로 분석해 보면 태백산맥의 형성 과정도 추론할 수 있다.

중생대의 험준한 산지들이 2억 년이라는 오랜 시간을 거치며 비바람에 깎여 거의 사라지고, 한반도는 지금보다 훨씬 평탄한 지형으로 바꿰었다. 어쩌면 만주 벌판처럼 평탄한 땅이 넓게 펼쳐져 있었을지도 모른다. 그래서 산짐승보다는 들짐승이 많았고, 넓은 평원을 빠르게 질주하는 육식 동물들도 많았을 게다. 그리고 믿기지 않겠지만 지금은 섬인 일본이 한반도 옆에 붙어 있었다.

한반도는 신생대 3기에 접어들면서 다시 꿈틀대기 시작하였다. 이번에는 중생대처럼 큰 난리를 치르지는 않았다. 하지만 이때 유라시아 대륙 동쪽 끝에 붙어 있던 일본이 동쪽으로 밀려 떨어져 나갔고, 그 사이에 동해가 만들어졌다. 동해가 만들어지는 과정에서 한반도는 서쪽으로 밀리는 힘을 받았을 것이다. 그래서 우리나라 동쪽이 휘어지며 높아지기 시작했다. 이런 과정을 거쳐 신생대 3기에 동해와 나란히 달리는 태백산맥, 마천령산맥, 낭림산맥 같은 우리나라의 척추를 이루는 산맥들이 만들어졌다. 이와 더불어 경상도 지방에 넓게 분포하던 호수들도 육지로 변했다. 중생대에 호수 천지였던 경상 분지 지역은 공룡들의 천국이었다. 그래서 지금도 경상 분지에는 공룡 발자국이 많이 남아 있다.

한편 이때는 서쪽도 함께 높아졌는데, 서쪽 지방은 동쪽 지방에 비해 조금 높아져 우리나라가 경동 지형이 된 것이다. 경동(傾動) 지형이란 동쪽이 높고 서쪽이 낮은 지형이라는 뜻이 아니라, 어느 쪽이든 한쪽이 높고 다른 한쪽이 낮은 비대칭 지형을 가리킨다. 러시아는 남쪽이 높고 북쪽이 낮은 경동 지형이고, 중국은 서쪽이 높고 동쪽이 낮은 경동 지형이다.

차령산맥은 어떻게 만들어졌을까?

차령산맥은 태백산맥에서 갈라져 나와 남서쪽으로 달리며 충청도와 전라도를 나누고, 온대 기후와 냉대 기후를 나누는 산맥이다.

중생대에 격렬한 지각 운동 때문에 전 국토에 걸쳐 쪼개진 금(단층선)이 많이 생겼다. 그런데 신생대 3기의 지반 융기로 한반도가 전체적으로 높아졌으며, 특히 동쪽과 북쪽으로는 높고 넓은 고원이 발달하였다. 지각이 쪼개진 선은 주로 북동쪽에서 남서쪽을 향해 많이 만들어져 있어서 비가 오면 그곳으로 물이 모여 강을 이루었고, 대부분의 하천이 동쪽에서 서쪽으로, 북쪽에서 남쪽으로 흘렀다.

광주, 차령, 노령···

하천이 그냥 흐르는 것 같지만 사실 높은 곳은 깎고, 깎은 흙이나 자갈을 낮은 곳으로 이동시키며, 낮은 곳에는 흙이나 자갈 같은 퇴적물을 쌓아 지표의 기복을 평탄하게 바꾸는 일등 목수 일을 한다.

시간이 흐르면서 고원에 발달한 쪼개진 선을 따라 하천이 흘러 깊고 넓게 계곡을 파며 주변에 산줄기를 만들어 갔다. 앞으로도 이런 하천의 침식 운동은 계속될 것이다. 산맥들은 더 깎여서 낮아지고 어떤 부분은 평지처럼 바뀔 수도 있을 것이다. 하늘에서 차령산맥을 보면 부분 부분이 산이 아니라 평지로 바뀐 곳이 있는데 바로 이런 이유 때문이다. 산맥도에서 우리나라의 갈비뼈를 이루는 산맥들은 바로 쪼개진 선을 따라 북동쪽에서 남서쪽으로 달리는 강남산맥, 묘향산맥, 멸악산맥, 마식령산맥, 광주산맥, 차령산맥, 노령산맥 들이다.

같은 화산인데 왜 울릉도는 종을, 한라산은 방패를 닮았을까?

울릉도는 도둑, 뱀, 공해가 없는 섬으로 유명하다. 울릉도에서 가장 높은 곳은 해발고도 984m인 성인봉이지만, 사실 울릉도는 깊은 바다로부터 약 3150m 솟아 있는 화산이다. 그러니까 우리가 말하는 울릉도라는 섬은 전체에서 3분의 1만이 바다 위로 나와 있는 것이다.

오각형 모양의 울릉도는 높이에 비해서 지름이 고작 12km밖에 안 되다 보니 전체적으로 급경사를 이루어 마치 종처럼 생겼다. 그래서 이곳의 택시는 일반 승용차가 아니라 험한 곳도 갈 수 있는 4륜구동 SUV

차량이다. 반면 한라산은 높이가 1950m인데 멀리서 보면 전체적으로 평탄해 보인다. 울릉도보다 해발고도가 높아서 더 경사가 급할 것 같지만 제주도는 해발고도 1200m 아래로는 경사도가 5°밖에 안 될 정도로 아주 완만하여 방패를 엎어 놓은 것처럼 생겼다.

같은 화산인데 울릉도와 한라산은 왜 모양이 다를까? 지하의 마그마가 지표 위로 솟아오르면 그때부터 용암이라고 하는데, 바로 그 용암의 점성이 다르기 때문이다. 점성은 뭉치려는 성격으로, 점성이 크면 잘 흐르지 않고, 반대로 점성이 작으면 잘 흐른다. 이를 유동성으로 표현하기도 한다. 점성이 크면 유동성은 작아진다. 용암의 점성을 결정하는 것은 이산화규소(SiO_2)의 함유량이다. 이산화규소 함량이 적은 어두운 색의 현무암질 용암은 온도가 높고 점성이 작아서 아주 잘 흐른다. 그래서 현무암질 용암은 지각의 틈을 따라 조금만 압력을 받아도 마그마가 지표 위로 잘 분출하며, 또 조금만 경사가 져도 잘 흐르기 때문에 한라산과 같은 완만한 화산이나 철원평야와 같은 용암 대지를 만든다.

울릉도 해안 경사가 심한 종 모양의 화산섬이다.

반면 이산화규소 함량이 많은 안산암이나 조면암질 용암은 현무암질보다 상대적으로 온도가 낮고 점성이 크기 때문에 잘 흐르지 않는다. 안산암질이나 조면암질 용암은 작은 압력으로는 잘 분출하지 않고 '꾹' 참았다가 분출하는데, 한번 분출하면 중앙

화구를 통해 "펑! 펑!" 엄청 요란하게 대폭발을 한다. 점성이 커서 분출한 뒤 화구를 중심으로 쌓이므로 화산체가 좁고 높아져서 울릉도와 같은 급경사의 화산이 된다.

용암굴은 어떻게 만들어질까?

지구상에는 네 가지의 굴이 있다. 바닷가에 있는 해식 동굴, 석회암 지역의 석회 동굴, 화산 지역의 용암 동굴, 그리고 인간이 파 놓은 땅굴이다. 이 중에서 용암굴은 완만한 경사에서도 잘 흐르는 용암에 의해 주로 만들어진다.

화산이 폭발하여 용암이 마치 하천처럼 흘러내릴 때 용암류의 겉 부

용암의 통로 제주 만장굴

분은 공기와 접촉하여 먼저 식으면서 굳는 반면, 뜨거운 속 부분의 용암은 계속 흘러간다. 그래서 속이 빈 터널이 만들어진다. 만장굴, 협재굴, 쌍용굴 같은 우리나라의 유명한 용암굴은 다 제주도에 있다. 특히 만장굴은 전체 길이가 약 13km로, 현재까지는 세계에서 가장 긴 용암굴로 알려져 있다.

용암굴에 들어가 보면 어떨까? 깜깜하다. 동굴이니까 어둡기도 하겠지만 용암굴은 주로 색깔이 까만 현무암 지대에 많기 때문에 정말 어둡다. 그나마 관광객을 위해 노란 등, 하얀 등을 켜 놓아서 앞이 보이지, 그것도 없다면 암흑 그 자체일 것이다. 용암굴에서는 용암이 흘러나간 자국 말고도 종유석, 석순 등 석회굴처럼 용암이 천장에서 바닥으로 떨어지며 만들어 놓은 작품들을 볼 수 있다.

기생충과 기생 화산은 무엇이 닮았을까?

회충, 요충, 십이지장충 따위를 기생충이라 하는데, 이 벌레들은 사람 몸속에서 영양분을 빼앗아 먹는다. 그래서 가장 치욕적인 욕 중 하나가 "이 기생충 같은 놈!"이다. 그런데 화산에도 기생 화산(측화산)이 있다. 이 화산은 벌레처럼 다른 화산을 갉아 먹는 것은 아니지만, 큰 화산의 등 위에 붙어 있기 때문에 기생 화산이라고 한다.

지금의 제주도가 만들어지기까지 여러 번의 화산 활동이 있었는데, 제주도의 기생 화산은 그 마지막 단계에서 만들어졌다. 여기서 제주도의 형성 과정을 살펴보자. 1단계에서는 제주도 남서쪽에 있는 산방산에서 남쪽의 서귀포를 잇는 해안선을 중심으로 최초의 제주도가 형성되었다. 그래서 제주도의 최고 어르신은 한라산이 아니라 산방산이다. 2단계에서는 많은 양의 현무암질 용암이 분출하여 고구마처럼 생긴 현재 제주도의 전체적인 형태를 이루었다. 이때 제주도의 모습은 전체적으로 평탄한 용암 대지의 넓은 들이었을 것으로 추측한다. 3단계에서는 비교적 점성이 큰 용암이 폭발하며 분출하여 한라산이 솟아올랐고, 마지막으로 4단계에서 여기저기에 생긴 지각의 틈을 따라 곳곳에서 화산이 폭발하여 많은 기생 화산이 만들어졌다.

산방산

제주도의 오름들

제주도에 가면 약 360여 좌나 되는 작은 화산들이 한라산 정상을 중심으로 동서 방향으로 발달한 것을 볼 수 있다. 기

생 화산 중에는 화구 없이 화산 폭발물들이 쌓여 있는 것도 있지만, 화산 폭발로 생긴 화구가 있는 것도 많다.

제주도에서는 기생 화산을 오름, 악이라고 한다. 그래서 제주에는 어후악, 성판악, 다랑쉬오름, 샘오름과 같은 땅 이름이 많다.

천지는 화구일까, 칼데라일까?

백두산 정상에는 천지(天池)가 있다. 천지는 물이 너무 차서 물고기가 없는 것으로 알고들 있지만, 사실은 호수 안에 뜨거운 물이 솟아오르는 곳이 있어서 물고기가 산다.

한편 한라산 꼭대기에는 백록담이 있다. 백록담(白鹿潭)이라는 이름은 하얀 사슴이 물을 먹는 곳이라는 뜻이다. 이 호수는 비가 많이 내리는 우기에는 커졌다가 건기가 되면 작아진다. 그런데 백록담이나 천지 모두 화산의 맨 꼭대기에 있는 호수인데, 백록담은 화구호이고, 천지는 칼데라호이다.

왜 그럴까?

화산이 폭발하여 만들어진 구멍을 화구(火口)라고 한다. 화산이 폭발하기 전 지하에는 엄청난 양의 마그마가 '마그마 챔버'라는 거대한 방에 담겨 있다. 화산 폭발이 일어나고 마그마 챔버에 들어 있는 마그마가 지표로 다 분출되고 나면 마그마 챔버는 텅 빈 공간이 된다.

시간이 지나면서 경사가 급한 화구의 벽이 텅 빈 마그마 챔버 속으로 무너져 내리면 화구가 크게 확장되는데 이를 '칼데라'라고 한다. 백

백두산 천지

한라산 백록담

울릉도 나리 분지

두산의 천지는 칼데라 형성 이후 빗물과 지하수가 고여 생긴 호수이기 때문에 칼데라호라고 한다. 울릉도의 나리 분지도 칼데라인데 물이 없다. 이런 것을 칼데라 분지라고 한다.

한반도의 지붕, 개마고원

　세계의 지붕은 중앙아시아 남동쪽 해발고도 5000m의 파미르고원이고, 우리나라의 지붕은 개마고원이다. 개마고원은 서쪽으로는 낭림산맥, 동쪽으로는 마천령산맥, 남쪽으로는 함경산맥으로 둘러싸인 해발고도 약 1000~1200m의 높고 평탄한 고원으로, 전체의 절반 가까이가 경사 15° 미만일 정도로 완만하다.

　개마고원은 신생대 3기 이후에 지반이 융기하여 만들어진 고원이다. 고원이면서 고위도의 내륙 깊숙한 곳에 자리하고, 주변 산맥들이 바다 기운을 차단하기 때문에 무상 일수(서리가 내리지 않는 날)가 120일 정도밖에 안 될 정도로 추운 날이 많고 강수량이 적다. 그래서 벼농사에는 불리하다.

따라서 개마고원에서는 대부분 1년 1작의 밭농사가 이루어지고 있으며, 생산량이 많지 않아 거주민도 적다. 개마고원은 북한에서 인구가 가장 희박한 곳이다.

개마고원 위성에서 보면 백두산 오른쪽으로 펼쳐진 개마고원이 보인다. 아래 사진은 개마고원의 촌락 모습.

개마고원은 농사짓기에는 불리하지만 여름이 냉량하여 초지가 많아서 소 방목에는 유리하다. 또한 침엽수림이 넓게 펼쳐져 있어 임업이 발달하여 일찍부터 우리나라 최대의 임업 지역이었다. 이곳의 목재는 뗏목이나 기차에 실려 주변 지역으로 팔려 나간다.

물은 생명이다. 구름이었다가 비가 되고, 바다, 강, 호수 등 다양한
모습으로 지표면에 남아 수많은 생명을 살린다. 육지에서 흐르는 물은
하천이라고 부른다. 하천은 높은 곳을 깎고, 낮은 곳을 메운다.
그렇게 침식 평야와 퇴적 평야를 만든다. 특히 강 주변에서 농토로
유익하게 쓰이는 평야에는 강이 만든 퇴적 평야가 많다.

평야는 우리에게 식량을 준다. 그래서 사람들은 땅을 차지하기 위해
열심히 일하고, 때론 목숨을 걸고 싸운다. 넓은 들은 대대손손 살아갈
경제의 원천이었다.

하천은 마술을 부린다. 장소에 따라 경사도에 따라 유량에 따라
다양하고 현란한 마술을 부린다. 이를 잘 살펴보면 하천과 평야가 어떻게
인간 생활의 중심 무대가 되었는지 이해하게 될 것이다.

거꾸로 흐르는 하천이 있을까?

지구가 태양의 주위를 도는 것이 변할 수 없는 사실이듯 물이 높은 곳에서 낮은 곳으로 흐르는 것도 변치 않는 사실이다. 그런데 이런 상식을 깨고 낮은 곳에서 높은 곳으로 흐르는 하천이 있다. 인공 펌프를 이용해서가 아니라 자연 상태에서 강물이 역류하는 것이다.

서해안에서 강과 바다가 만나는 하구는 조차 때문에 시간에 따라 하루에 두 번씩 주인이 바뀐다. 서해안의 하구는 평탄하여 밀물 때는 바닷물이 강물을 무시하고 강의 상류를 향해 역류한다. 이렇게 밀물 때 역류하는 감조 하천을 조선 시대에는 교통로로 이용하였다. 상인들은 배로 강을 거슬러 오르며 내륙의 시장에 해산물을 공급했다.

한강이 역류하면 서울의 여의도까지도 거슬러 오르기 때문에 그냥 두면 한강의 교각(다리의 기둥)에 염분이 묻어서 금방 부식되어 버린다. 이런 강물의 역류는 금강, 영산강, 낙동강에서도 발생하는데 여름에 집중 호우가 내려 많은 양의 강물이 바다로 빠져나가야 할 때 바닷물이 역류

낙동강 하굿둑

하면 엎친 데 덮친 격으로 하구에서 대홍수가 나기도 한다. 그러면 주변의 농경지는 짠물에 잠기게 되고 염해를 입어 흉년이 든다.

그래서 사람들은 그 같은 피해를 방지하기 위해

금강, 영산강, 낙동강 하구에 하굿둑을 만들었다. 하굿둑은 수문을 열고 닫아서 물의 흐름을 조절할 수 있기 때문에 홍수를 막는 역할도 하고, 하천 양쪽 기슭의 두 지역 간에 다리 역할을 하여 교통을 편리하게 해 주기도 한다.

하지만 강물의 속도를 조절하는 과정에서 유속이 감소하여 강물의 오염이 심해지고, 하굿둑 안쪽 바닥에 강물이 쓸고 내려온 모래와 진흙이 제방에 막혀 바다로 나가지 못하고 쌓이면 강바닥이 높아져서 홍수가 일어나기도 쉽다. 이를 예방하기 위해서는 지속적으로 강바닥의 퇴적물을 걷어 주어야 한다.

해수면이 낮아지면 침식과 퇴적 중 어느 것이 활발해질까?

자연은 하천이 흐르면서 침식·운반·퇴적 운동을 하여 높은 곳은 낮추고 낮은 곳은 메워서 높고 낮은 지표를 평탄하게 만든다. 마치 오케스트라의 지휘자가 다양한 악기가 내는 서로 다른 소리를 조화롭게 만들듯이 자연도 지표를 균형 있게 조절한다.

상류 지역인 산간 지대를 흐르는 하천은 낮은 곳으로 내려오면서 강바닥을 깊이 파는 침식 운동을 열심히 한다. 그런데 이 하천이 강바닥을 어디까지 파 내려갈까? 산 아래 마을 있는 데까지일까, 아니면 좀 더 아래쪽의 하류까지일까?

하천은 밀물과 썰물의 중간에 해당되는 '평균 해수면'까지 파 내려

간다. 만약 앞으로 지구가 추워져서 해수면이 내려가고, 그래서 지금의 얕은 바다가 유지가 된다면, 하천은 얕른 해수면 높이까지 지형을 깎아 내리려고 바쁠 것이다. 평균 해수면이 낮아지면 이렇게 침식 운동이 더욱 활발해진다.

반대로 기온이 올라가 육지의 빙하가 녹아서 해수면이 상승하게 되면 하천의 침식 운동은 급격히 감소하고, 퇴적 운동이 활발해진다. 왜냐 하면 하천이 침식시켜야 할 일거리가 줄어드는 반면, 해수면보다 낮은 곳이 많아져서 빨리 메워야 하기 때문이다.

고대 문명은 하천 퇴적 운동의 선물이다

하천이 상류로부터 공급받은 자갈과 모래로 낮은 곳을 메워 만든 하 천 퇴적 평야는 충적 평야라고도 한다. 1만 8000년 전 마지막 빙하기가 끝난 후 지속적으로 기온이 상승하면서 범람원, 삼각주 같은 다양한 충 적 평야가 발달하였다.

나일강이 만든 이집트 문명, 황하가 만든 황하 문명, 인더스강이 만 든 인더스 문명, 유프라테스강과 티그리스강이 만든 메소포타미아 문 명, 4대 문명으로 일컬어지는 이들 고대 문명은 삼각주나 범람원으로 불 리는 충적 평야에서 꽃피었다. 그리고 이것들만이 아니라, 중국의 양쯔 강, 동남아시아의 메콩강, 메남강, 인도의 갠지스강 주변에도 고대 문명 이 꽃피었다.

　범람원, 삼각주, 선상지로 불리는 충적 평야 3형제는 세계 어디를 가
나 효자 노릇을 한다. 왜냐하면 충적 평야는 평탄하고 영양분이 풍부한
옥토여서 농경지로 그만이기 때문이다.

　흔히 문명이란 것은 인간이 만든 훌륭한 역사라고 생각하지만, 사실
자연의 혜택 없이는 불가능한 것이다. 그 자연의 혜택이 바로 강의 범람
과 그 때문에 일어나는 퇴적 운동이다.

범람원은 어떻게 만들어지고 무엇으로 이용할까?

　우리나라는 여름이면 비가 많이 내려 하천이 자주 범람한다. 비가
많이 내려 유량이 많아지면 유속이 매우 빨라지고, 그러면 하천 양쪽 기

늪을 때리는 침식 작용이 더욱 활발해지면서 물길이 바뀐다. 그리고 물길이 바뀌는 과정에서 물길 바깥으로 물이 넘치는 범람이 일어난다.

평야 지대를 흐르는 하천이 범람하면 강변 가까운 곳에서 강변 멀리 있는 낮고 평탄한 곳까지 물이 흘러가서 가지고 있던 자갈, 모래, 점토를 쌓는다. 하천이 흐르면서 운반하는 것에는 입자가 큰 자갈이나 굵은 모래, 가는 점토나 실트(미세한 퇴적물 입자)가 함께 섞여 있다. 이것들은 하천이 범람한 후 아무렇게나 쌓이는 것이 아니라 반드시 입자 크기에 따라 나뉘어 쌓인다. 바로 '유유상종'이라고 할 수 있는데 하천에 가까운 기슭에는 크고 굵은 자갈, 모래들이 쌓여 제방처럼 높아진다. 이런 곳을 '자연 제방'이라고 하며, 지대가 높아 홍수의 위험이 적어서 마을(취락)이 발달한다. 또한 이곳은 지대가 높은데다 자갈과 굵은 모래 퇴적물이 쌓여 배수가 잘 되기 때문에 주로 밭작물을 심거나 과수원으로 이용한다.

한편, 강변에서 멀리 떨어진 배후지는 강변보다는 낮으며, 범람으로 작고 미세한 모래와 점토가 쌓여 질퍽하고 배수가 잘 되지 않는 습지가 만들어진다. 그래서 이곳은 농사짓기에 불리하지만 배수 시설을 만들어 벼농사를 짓는다. 우리나라는 이앙법(모내기)으로 농사를 짓기 때문에 파종기나 성장기에 물을 가두기 쉬운 습지를 이용할 수 있다.

지금은 산업화와 도시화가 많이 진행되어 한강, 금강, 영산강 같은 강 하류 주변의 범람원들이 도시로 변하면서 농경지로 이용되는 범람원이 많이 줄었다.

우리나라는 산이 많은데 왜 선상지가 드물까?

 하천이 급경사의 산지를 흐르며 깎아 낸 크고 작은 자갈이나 모래를 실고 완만한 경사지에 도착하면 유속이 급격히 느려지면서 퇴적물을 운반할 수 있는 힘이 떨어진다. 그러면 실고 가던 자갈과 모래를 쌓아 놓는데 이렇게 형성된 퇴적 평야를 선상지(扇狀地)라고 한다. '부채 모양의 땅'이라는 뜻으로, 하늘에서 보면 부채 모양과 같다고 해서 그런 이름이 붙었다.

 선상지는 험한 산지에서 급경사와 완경사가 만나는 지점에 주로 생긴다. 사막같이 메마른 곳에도 선상지가 발달한다. 사막에 내리는 비는 어쩌다 한번 오면 폭우로 쏟아지는데, 갑작스럽게 비가 내리면 일시적으로 하천이 만들어져 나무와 풀이 거의 없는 지표 위를 거침없이 흐르며 홍수를 일으킨다. 이때 산꼭대기에서 많은 양의 자갈과 모래를 긁어서 가져와 유속이 급격히 감소하는 산기슭에 쌓아 선상지를 만든다.

구례 선상지 산지를 내려온 하천이 부채꼴의 넓은 평야를 만들었다.

우리나라는 산이 많은데 선상지는 드물다. 왜 그럴까? 그것은 우리나라가 오래된 땅이라 구릉지와 같은 낮고 완만한 산이 많아서 산지에 급경사와 완경사가 만나는 지점이 발달하지 않았기 때문이다. 일본에는 산세가 험한 산이 많아서 선상지가 흔하다. 현재 우리나라의 선상지는 북한 지역의 단천, 전라남도 구례, 경상남도 사천 지역 등에 있으나 일본에서 볼 수 있는 것과 같은 전형적인 선상지는 드물다.

선상지에서도 높은 곳에서 낮은 곳으로 가면서 자갈, 모래, 점토 차례로 퇴적물의 입자 크기에 따라 퇴적이 이루어진다. 이에 따라 선상지의 위쪽은 자갈이나 두꺼운 모래가 쌓여 배수가 잘 되기 때문에 밭이나 과수원으로 이용되고, 선상지의 아래쪽은 작은 모래와 점토가 쌓이므로 논농사가 발달한다. 특히 선상지의 끄트머리는 지하수가 지표 위로 올라오는 샘이 발달하는 곳이기 때문에 사람들은 그곳에 마을을 이루어 살아왔다.

우리나라는 왜 삼각주가 드물까?

우리나라에는 압록강 삼각주와 낙동강 삼각주가 유명한데, 이집트의 나일강 삼각주나 미국의 미시시피강 삼각주에 비하면 아주 작다. 삼각주(三角洲)는 하천이 바다로 나가는 하구에 발달하는 충적 평야이다. 하천이 바닷물과 부딪쳐 유속이 급격히 감소하면서 가지고 있던 모래와 점토가 쌓여 삼각주가 생겨난다.

만약 사과를 깎아서 접시에 쌓는데 옆에서 계속 사과를 집어 먹는다면 접시 위에 사과가 쌓일 수가 없다. 삼각주가 발달하려면, 먼저 큰 강이 많은 퇴적물을 가지고 바닷가로 나와야 하고, 다음에 그 바닷가는 밀물과 썰물의 차이가 거의 없어서 하구에 모래와 점토가 차곡차곡 쌓일 수 있도록 도와주어야 한다.

그런데 우리나라의 서해는 조수 간만의 차가 최고 8m에 이를 정도로 세계적이기 때문에 하천이 모래와 점토를 쌓아 놓으면 썰물이 바다로 끌고 들어가 삼각주가 생길 수 없다. 그나마 남해안은 3m 안팎으로 서해안에 비해 조수 간만의 차가 적기 때문에 낙동강 삼각주가 발달한 것이다.

낙동강 삼각주 바닷물과 만나 느려진 강이 퇴적물을 쌓아 놓았다.

석회암과 물은 어떤 관계일까?

석회암은 산호나 조개껍데기 등이 해저에 쌓여서 만들어진 암석으로 주성분은 탄산칼슘($CaCO_3$)이다. 우리나라에서는 고생대에 바다였던 평안남도, 황해도, 강원도, 충청북도 일대에 주로 분포한다.

그런데 석회암은 물에 녹는다. 돌이 물에 녹는다고 하니까 좀 이상한가? 석회암은 물리적인 충격에 강해서 잘 쪼개지지는 않지만 화학적으로는 잘 분해된다. 특히 이산화탄소를 포함하고 있는 탄산수가 바로 석회암의 천적이다. 이산화탄소가 물에 녹으면 산성을 띠는데, 탄산을 함유한 이 물은 순수한 빗물보다 25배 이상 석회암을 잘 녹인다.

기온이 높고 강수가 풍부한 지역의 석회암은 물에 잘 녹아서 카르스트 지형을 만든다. 카르스트의 어원은 유럽의 슬로베니아로부터 유래되었다. 슬로베니아에 가면 카르스트라는 마을이 있는데 그곳에는 석회굴, 돌리네, 우발라, 탑 모양의 산 같은 독특한 석회암 지형이 나타난다. 그래서 세계적으로 석회암이 발달한 곳의 지형을 카르스트 지형이라고 한다. 중국의 '구이린(계림)'도 석회암 지대인데, 탑처럼 생긴 산, 화려한 종유석과 석순이 가득한 지하 동

베트남 하롱베이 용식 작용으로 신비로운 경관이 만들어졌다.

굴 따위는 모두 석회암이 물에 녹아서 만들어진 것이다. 우리나라에서도 자연 동굴 가운데 90% 이상을 차지하는 것이 석회 동굴이다.

영월의 고씨굴

석회암은 수억 년 되었지만, 석회굴은 수십만 년에서 수백만 년 정도 되었다. 석회 동굴은 사람들이 주거지나 피난처로 이용하기도 했지만 지금은 주로 관광지로 쓰인다. 영월의 고씨굴, 단양의 고수굴, 울진의 성류굴이 유명하다.

● 돌리네와 우발라

'돌리네'란 석회암 기반암이 빗물이나 지하수에 녹아 땅이 움푹 파인 것을 가리킨다.
돌리네가 두 개 이상 결합된 것을 '우발라'라고 한다.

해안은 바다와 육지가 만나는 곳이다. 그래서 일부분은 육지이고
일부분은 바다이다. 해안에는 내륙의 들 못지않게 많은 사람들이 사는데,
이는 해안이 육지로는 평야와 이어지고 바다를 통해 이웃 항구나 해외와
이어지는 곳이기 때문이다.

해안은 보는 관점에 따라 매우 달리 보인다. 우리나라 안에서는 서해안,
동해안이 분리되어 보이지만 세계 지도에서는 우리나라 전체가 유라시아
대륙의 동부 해안에 위치하고 있다고 볼 수도 있다.

우리 조상들은 대대로 바다의 중요성을 잘 알았고,
바다를 잘 이용할 줄도 알았다.
'해안 이야기'에서는 우리가 어떻게 바다를 이용하며 살아왔는지 살펴본다.
그리고 이를 이해하기 위해 해안에 발달한 사구, 사빈, 갯벌, 암석 해안 등
다양한 지형과 이를 이용하는 인간들의 삶을 살펴본다.

동해안 해수욕장의 모래는 어디에서 왔을까?

여름이면 가장 인기 좋은 해수욕장은 뭐니 뭐니 해도 동해안이다. 깊고 푸른 바다, 찬 바닷물, 넓고 시원하게 펼쳐진 해수욕장은 많은 사람들을 불러 모으기에 충분한 매력이 있다. 그리고 사람들이 좋아하는 모래놀이를 맘껏 할 수 있는 곳이며 특히나 멋지게 쌓은 모래성은 마치 예술가의 작품 같기도 하다.

그런데 모래성을 만드는 모래는 어디서 왔을까? 많은 사람들이 바다에서 파도를 타고 왔다고 생각하겠지만, 바닷가의 모래는 바다가 아니라 육지에서 왔다. 이해가 잘 되지 않을 것이다. 도대체 육지 어디에서 이렇게 많은 모래가 왔을까? 무엇을 타고 왔을까? 어떻게 바닷가에 가지런히 정리되어 있을까?

동해안의 모래를 자세히 들여다보면 하얀 알갱이, 까만 알갱이가 섞여 있다. 하얀 알갱이는 도자기의 원료가 되는 '장석', 희고 투명한 알갱이는 유리나 반도체를 만드는 데 쓰이는 '석영', 까만 알갱이는 절연체를 만드는 '흑운모'이다. 석영, 운모, 장석은 알고 보면 형제인데, 그럼 이 3형제의 엄마는 누구일까?

바로 한반도 땅의 30%를 차지하는 돌, 화강암이다. 특히, 태백산맥에는 화강암이 널리 분포한다. 화강암은 매우 단단해서 충격을 받아도 잘 부서지거나 쪼개지지 않지만 공기 중에 있는 수분과 생물체에서 나오는 유기산에 의해서는 잘 분해된다.

화강암이 오랜 시간 동안 분해되어 수많은 석영, 운모, 장석으로 바

꾸면 하천은 이 3형제를 하천 주변이
나 바닷가로 끌고 가서 쌓는다.
그래서 바닷가뿐 아니라 내
륙의 하천 주변에서도 모래
사장을 흔히 볼 수 있는 것
이다.

　그렇다면 바닷가의 모래
는 어떻게 해서 가지런히 정리되
어 있을까? 이른 아침에 청소부 아저씨가 그렇게 했을 리는 없고. 그
건 바다가 한 일이다. 바람이 만든 파도는 해변으로 밀려 들어와서 '철
썩' 하는 소리를 내고 거품을 만들며 부서진다. 이렇게 밀려든 파도는
온 길을 그대로 되돌아가는 것이 아니라 해변을 따라 흐르며 연안류를
이룬다. 그래서 파도와 연안류가 하천이 끌고 내려온 모래들을 해안을
따라 옮겨 놓으며 가지런히 정리하여 모래사장을 만드는 것이다. 거기
에 상인들이 파라솔을 꽂고 고무보트를 띄우면 해수욕장이 된다.

동해안은 정말 단조로운 해안일까?

　우리나라의 땅모양은 마치 호랑이가 두 발을 들고 '어홍' 하는 모습
을 하고 있다고 한다. 사실 보기 나름이긴 하지만 이는 과거 우리 조상
들이 우리나라의 용맹함을 강조하기 위해 만들어 낸 이야기로 교과서

에도 나온다. 지도로 본 우리나라 동해안은 호랑이 등처럼 쭉 뻗어 있고, 해안선의 형태는 서해안이나 남해안에 비해 단조롭다. 특히 남해안은 복잡한 해안선을 따라 가면 직선으로 가는 것보다 자그마치 8배나 길다.

동해안의 해안선이 서해안과 남해안에 비해 단조로운 이유는 동해안의 해안선과 백두대간이 나란히 달리며 수평을 이루기 때문이다. 그러면 동해의 가장 남쪽이 부산이니까, 부산에서 동해안을 따라 강원도 속초까지 난 해안 도로를 따라 걸으면 오른쪽으로 푸른 동해 바다를 계속 보면서 걸을 수 있지 않을까? 생각과는 다르게 실제로 걸으면 내륙으로 들어가기도 하고 바다를 따라 걷기도 한다. 왜 그럴까?

동해안도 사실은 들쭉날쭉하다. 그럼에도 동해안을 단조롭다고 하는 것은 서해안과 남해안이 워낙 심하게 들쭉날쭉하기 때문이다.

서해안과 남해안의 해안선은 왜 들쭉날쭉할까?

노르웨이의 해안

노르웨이의 서부 해안, 칠레의 서부 해안과 캐나다의 서부 해안을 '피오르'라고 하는데 해안선이 정말 심하게 들쭉날쭉하다. 유람선을 타고 만(灣)으로 들어가면 마치 내륙으로 들어가는 느낌이 들

만큼 깊숙이 들어간다. 이곳에 들쭉날쭉한 해안선이 나타나는 이유는 빙하기에 골짜기를 채운 빙하가 엄청난 무게 때문에 계곡 아래로 서서히 내려오면서 골짜기를 깊게 파 U자곡을 만들었기 때문이다. 하천의 물은 액체 상태로 흐르기 때문에 예리한 V자곡을 만들지만 빙하는 얼음덩어리이기 때문에 U자곡을 만든다. 간빙기에 해수면이 상승하면서 바닷물이 U자곡으로 들어와 골짜기 부분은 육지 쪽으로 들어간 바다(만)가 되었고, 산 능선 부분은 바다 쪽으로 돌출한 해안이 되었다.

그러면 매우 들쭉날쭉한 우리나라의 서해안과 남해안도 피오르일까? 아니다. 서해안과 남해안은 리아스식 해안이다. '리아스식 해안'이라는 말은 에스파냐 북서부의 비스케이만에서 많이 나타나는 복잡한 해안을 리아스라고 부른 데서 비롯되었다.

해안선의 형태는 어떤 지형이 바닷물에 침수됐느냐에 따라 많이 달라진다. 지도를 보면 우리나라의 산맥 중 갈비뼈 모양을 이루는 노령산맥, 소백산맥, 차령산맥, 광주산맥 등은 대부분 북동쪽에서 남서쪽을 향해 달리고 있다. 바로 그 산줄기의 끄트머리가 침수된 곳이 남해안과 서해안인데, 이곳에는 과거에 하천의 침식을 받은 V자 모양의 계곡이 많이 있었기 때문에 해안선이 복잡해졌다.

경호는 미래에 어떻게 될까?

강릉의 경호(鏡湖)는 강릉 경포대 해수욕장과 이웃해 있는 호수로, 경포호라는 이름으로 더 잘 알려져 있다. 이곳은 겨울이면 청둥오리, 기러기를 비롯하여 20여 종의 겨울 철새들이 찾아온다. 동해안에는 경호 말고도 해안을 따라 발달한 호수들이 강릉과 고성군 사이에 집중적으로 분포하고 있다. 이 호수들을 '석호'라 한다.

경호는 지금은 호수지만 옛날에는 호수가 아니라 많은 해수욕장처럼 육지 쪽으로 들어간 만이었다. 만은 빙하기가 끝나 가는 과정에서 해수면 상승으로 바다 가까이에 있던 계곡에 바닷물이 들어와 침수되어 만들어진 것이다. 그런데 그 후, 만의 입구가 연안류에 의해 이동하는 모래로 막히면서 호수로 바뀐 것이다. 그러니까 경호는 후빙기 이후에 만들어진 지형으로 그렇게 오래된 지형이 아니다.

경호뿐 아니라 만의 입구(만입)로 연안류가 흐르면서 모래가 늘 이동해 온다. 이 모래가 쌓여 한쪽은 육지와, 다른 한쪽은 바다와 닿는 모래

경호

톱이 발달한다. 이 모래톱이 더욱 성장하여 만의 입구를 막으면 그 안쪽으로 호수가 만들어진다. 이런 호수를 석호라고 한다. 석호가 많은 동해안에서는 만의 입구를 막은 모래톱 때문에 해안선

이 과거보다 단조로워졌다.

바닷물이 갇힌 것이 석호라면 과연 그 물은 짤까? 석호의 물은 시간이 흐르면서 육지에서 유입되는 하천에 의해 싱거운 물로 바뀌어 간다. 그래도 식수나 농업용수로 쓸 수는 없다. 왜냐하면 대부분의 석호는 바다와 완전히 차단되어 있지 않기 때문이다. 즉, 좁은 통로를 통해 바다로 이어져 있고, 파도가 높을 때는 바닷물이 넘어 들어와 소금기가 있다.

석호의 모습은 지금도 변하고 있다. 석호로 흘러들어 오는 하천이 운반하는 자갈이나 모래가 호수 바닥에 쌓여 석호 면적이 점점 작아지는 것이다. 경호도 본래 둘레가 12km에 이르는 큰 호수였다고 하나, 현재는 흘러드는 토사의 퇴적으로 둘레가 4km로 축소되고, 수심도 1~2m 정도로 얕아졌다.

그렇다면 먼 미래에 경호는 어떤 모습일까? 인간들이 인위적으로 어떤 작업을 하지 않는다면, 언젠가 경호는 사라질 것이고, 그 자리는 평지가 되어 있을 것이다. 실제로 동해안에는 석호가 있던 자리가 매립되어 평지로 바뀐 곳들이 곳곳에 있다.

암석 해안은 왜 아름다울까?

우리나라 속담에 "모난 돌이 정 맞는다."는 말이 있듯이 바다로 돌출한 해안(곶)은 후미진 해안(만)보다 파도에 더 세게 부딪친다. 돌출한 곶은 강한 파도에 침식되어 흙이 제거되고, 그 아래 있던 기반암이 드러

변산반도 파도의 침식 작용으로 해식애와 파식 대지가 만들어졌다.

나 암석 해안을 이루게 될 것이다.

암석 해안은 파도가 거칠고 수심이 깊기 때문에 그곳에서 수영을 하는 것은 위험하다. 하지만 침식 작용으로 만들어진 암석 해안은 아름다운 경관을 이룬다. 마치 칼로 내려친 듯 수직으로 쭉 뻗은 해안 절벽(해식애)을 보노라면 감탄사가 절로 나오면서, 바로 찰칵찰칵 사진으로 남기고 싶어진다.

파도가 해안 절벽의 약한 곳을 지속적으로 때리면 그곳의 암석이 깨져 나가고 파여 동굴이 만들어진다. 해식 동굴은 선사 시대부터 원시인들의 주거 공간이자 휴식 공간이었다. 지금도 관광객들 대부분은 해식 동굴이 있으면 꼭 들어가 보는데, 아마도 조상들로부터 물려받은 본능인가 보다.

파도의 침식이 지속되어 해식 동굴이 더욱 커지면 밑이 깊게 파인 해안 절벽의 윗부분이 무너져 내린다. 이런 과정을 반복하면서 해안 절벽이 뒤쪽(육지 쪽)으로 후퇴한다. 지금도 파도의 영향을 받는 해안 절벽은 뒤로 후퇴하고 있다. 해안 절벽이 뒤로 후퇴하면 그 앞으로는 침식을 받고 남은 넓은 돌 마당이 펼쳐진다. 이것을 파도의 침식을 받은 대지라는 뜻으로 '파식 대지'라고 한다. 변산반도의 채석강에 가면 이런 모습을 생생하게 볼 수 있다.

또 해안 절벽과 해식 동굴이 만들
어지고 변형되는 과정에서 '촛대바위
(sea stack, 시스택)'와 같이 수직으로 서
있는 바위가 만들어진다. 제주도에 있
는 관광지 '외돌개'는 바로 이렇게 만
들어진 바위다.

제주도 외돌개

바닷가에 왜 계단처럼 생긴 지형이 있을까?

계단처럼 생긴 지형을 단구(段丘)라고 하는데, 강가에 있는 단구는
하안 단구, 바닷가에 있는 단구는 해안 단구라고 한다. 여행을 하다 보
면 강가나 바닷가의 높은 언덕 위에 전망 좋은 집들을 볼 수 있는데, 이
런 집들이 있는 곳이 바로 단구다.

동해안에서는 해안 단구에 지어진 호텔이나 카페를 흔히 볼 수 있
다. 혹시 그 카페에 가게 된다면 "야! 전망 좋다." 하며 감탄만 하지 말
고 "이게 해안 단구지." 하는 생각도 이제 할 수 있어야겠지?

그럼, 동해안의 해안 단구는 어떻게 만들어졌을까? 우리가 지금 보
는 해안 단구는 아주 오래전에 지금보다 낮은 곳에 있던 파식 대지였거
나 아니면 대륙붕과 같은 얕은 바닷가였다. 그런데 신생대 3기에 우리
나라 동쪽이 서서히 융기하면서 '파식 대지'나 '얕은 바다'가 높이 올라

정동진 해안 단구

와 해안 단구가 된 것이다.

그걸 어떻게 알 수 있을까? 본 사람은 없지만 증거가 있다. 해안 단구를 파 보면 둥글둥글한 자갈들이 발견된다. 옛날에 파도의 침식을 받았다는 증거다. 둥글둥글한 자갈은 누가 깎아 놓은 것이 아니라 흐르는 물에 의해서 오랫동안 마모된 것이다.

해안 단구는 절벽과 같은 급사면 위에 넓은 평지가 있어서 파도로부터 안전하다. 따라서 농경지로 이용할 수 있으며, 집을 지으면 전망이 좋아서 마을이 발달하였다. 또 해안 단구는 주로 해안선을 따라 발달하기 때문에 교통로로 이용할 수도 있다.

서해안은 항구로 이용하기에 왜 불리할까?

밀물과 썰물은 지구와 달, 태양이 서로 당기는 인력 때문에 하루에 두 번씩 해수면이 오르내리는 현상이다. 서해안의 일부 바닷가에서 바다가 갈라지는 기적 같은 현상이 일어나는 것도 알고 보면 밀물과 썰물 때문이다.

밀물과 썰물의 차가 큰 해안은 주로 갯벌이 발달하기 때문에 양식업이나 어업에 유리하지만 항구로 이용하기에는 불리하다. 밀물 때 들어온 배가 정박하고 있는 동안 썰물이 되면 배가 갯벌 위에 놓이게 되고 그러면 다시 밀물이 될 때까지 꼼짝도 못 하기 때문이다.

그럼, 어떤 해안이 항구가 발달하기에 좋을까? 배가 쉽게 들어오고 나가려면 수심이 깊고, 물살이 약해야 한다. 그리고 항구 뒤로 어판장, 건어물 상가, 어선 통제소 같은 여러 시설을 지을 수 있고, 교통이 편리한 도시를 건설할 수 있는 넓은 땅이 있어야 한다. 그런데 서해안은 해안선이 복잡하여 물살이 약하지만 수심이 얕고, 밀물과 썰물 차이가 커항구로 이용하기 어렵다. 이런 불리한 점을 극복하여 만든 항구 시설이 바로 인천의 갑문과 군산의 뜬다리 부두다.

인천은 서울의 관문으로, 우리나라를 대표하는 항구 도시다. 따라서

군산의 뜬다리 부두

많은 물건을 실은 큰 배가 항구를 드나드는데 인천 앞바다는 조수 간만의 차(조차)가 8m가 넘기 때문에 항구에 수문식 독(갑문식 독)을 설치하였다. '갑문'이라고 하는 시설은 밀물 때는 문을 열어서 배가 들어올 수 있도록 하고, 썰물 때는 문을 닫아서 배가 그대로 물 위에 머물 수 있도록 하는 수량 조절용 수문이다.

갑문은 조차(潮差)가 큰 항구뿐만 아니라 강수량 차이로 하천 수위의 차이가 큰 지역의 운하에 주로 설치된다. 중국이 자랑하는 양쯔강의 싼샤댐에도 계단식 갑문이 설치되어 있어서 큰 화물선과 여객선을 이동시킨다.

갑문이 큰 배에 어울리는 항구 시설이라면, '뜬다리 부두'는 작은 배에 어울린다. 서해안의 군산에는 바닷물이 높아지면 부두도 따라서 높아지고, 바닷물이 낮아지면 따라서 낮아지는 뜬다리 부두 시설이 있다.

한편, 동해안은 수심이 깊고 조차가 거의 없지만 해안선이 단조로워서 물살이 세다. 따라서 동해안의 항구 대부분은 방파제를 건설하여 이용하고 있다.

간척 사업은 언제부터 했을까?

밀물과 썰물은 큰 강을 따라 내려온 작고 미세한 흙 알갱이들을 오랫동안 숙성시켜 펄로 만든다. 이렇게 쌓인 펄은 우리 할아버지의 할아버지, 그리고 그 할아버지의 할아버지 때부터 사람들이 살아가는 데 도움을 주었다.

　석기 시대의 빗살무늬 토기를 보면 생선 가슴뼈나 조개껍데기 무늬
가 있는데, 이는 갯벌이 원시인들의 생활 무대였음을 말해 준다. 원시인
들은 토끼나 곰 같은 사냥감을 구하기 어려운 계절에도 조개를 줍고 게
를 잡아 안정되게 살아갈 수 있는 갯벌을 가장 먼저 선택한 것이다.

　우리나라에서는 많은 사람들이 갯벌은 아무 데나 깔려 있는 줄 안
다. 그도 그럴 것이 서해안과 남해안에 갯벌이 지천으로 깔려 있다. 하
지만 바다가 있다고 갯벌이 있는 게 아니고, 밀물과 썰물이 있다고 반드
시 넓은 갯벌이 발달하는 것도 아니다. 우리나라도 동해안에는 갯벌이
없다. 전 세계적으로도 갯벌은 귀하신 몸이다. 아메리카에서는 캐나다
동부 연안과 미국 동부 조지아해안, 브라질의 아마존강 하구, 유럽의 북
해 연안과 우리나라의 서해안에 넓게 분포하고 있을 뿐이다.

　과거에 갯벌은 쓸모없는 땅으로 인식되어 간척의 대상이 되기도 했
다. 우리나라의 간척 사업은 고려 시대부터 시작된 것으로 보인다. 몽골

강화도 갯벌을 메운 간척지 앞으로 새로 생긴 갯벌이 보인다.

의 침략으로 수도를 강화도로 옮기게 되자 강화도의 인구가 한순간에 30만 명으로 늘어 식량이 부족하게 되었다. 이때 주민들은 농사를 지을 새로운 땅을 얻기 위해 간척을 하였고, 곳곳에 저수지를 만들어 농업용수로 이용하였다. 오늘날에도 강화도에 낚시터가 많은데 이것은 농사를 짓기 위해 조성한 저수지가 낚시터로 변한 것이다.

1960년대에 본격적인 산업화 시대를 거치면서 그전까지 개인 중심으로 이루어지던 소규모 간척이 기업이나 정부가 중심이 되는 대규모 간척 사업으로 바뀌었다. 갯벌의 소중한 가치를 잘 몰랐던 데다 가난했기 때문에 간척이 경제 발전에 큰 보탬이 된다고 생각한 것이다. 그런데 갯벌의 경제적 가치와 생태적 가치가 알려지면서 최근에는 간척지를 갯벌로 되돌려야 한다는 주장이 나오고 있다. 이미 유럽에서는 간척지를 갯벌로 되돌리는 사업이 진행되고 있다.

제주도 사람들은 왜 바닷가에 많이 살까?

제주도는 우리나라에서 가장 큰 섬으로, 인구가 약 69만 명(2018년 기준)이다. 제주도는 제주특별자치도로 불리며 남북으로 나누어 북쪽에는 제주시가, 남쪽에는 서귀포시가 있다. 제주도에는 서귀포, 한림, 남원, 표선, 구좌 등 크고 유명한 마을들이 많은데 대부분 바닷가에 있다.

　농업이 주를 이루었던 우리나라에서 물과 경지는 가장 중요한 삶의 조건이다. 그런데 제주도의 기반암은 구멍이 숭숭한 현무암으로, 그 구멍들은 용암이 굳으면서 가스와 수분이 빠져나가 생긴 것이다. 그리고 용암은 굳는 과정에서 수축되기 때문에 현무암에는 쪼개진 것처럼 생긴 갈라진 금(틈)이 많이 발달하게 된다. 그 갈라진 틈 때문에 비가 금세 지하로 스며들어 지표에는 물이 마른 건천이 만들어지고, 지하로 물이 흐르다 해안가에 이르러 지표면으로 솟아오른다. 이를 용천이라 한다. 제주도는 바닷가를 따라 이 용천대가 발달했기 때문에 많은 사람들이 바닷가에 산다.

　한편 제주도는 농업, 어업에 유리하며, 우리나라에서 가장 유명한 관광지이기도 하다. 요즘은 신혼여행지로 해외를 선호하지만 30년 전만 해도 가고 싶은 신혼여행지 1순위는 단연 제주도였다. 게다가 제주도는 유네스코가 정한 '보존해야 할 아름다운 자연환경을 가진 곳'으로 뽑히면서 더욱 세계적인 관광지로 발전하고 있다.

용천

바람만큼 사연이 많은 자연이 있을까? 보이지도 않고, 잡히지도 않고,
냄새도 없는 것이 세상 사람들의 삶에 깊이 끼어들어 있으니 말이다.
겨울 아침이지만 햇살이 따스한 날이 있다. 양지에 서서 잠시라도 햇살과
마주하고 싶은데, 갑자기 바람이 불기 시작하면 서둘러 발걸음을
옮기게 된다. 바람은 여름에도 세상을 바꾼다. 우리나라의 지역별
연 강수량은 여름 강수량이 지배한다. 한강 중상류와 남해안에 비가 많은
이유는 바람이 몰고 다니는 구름 때문이며, 대구가 건조하고 비가 적은
이유도 바람이 산을 넘으며 마술을 부리기 때문이다.

바람은 어느 곳에서는 비를 만들고, 어느 곳에서는 사막을 만들기도 한다.
해가 뜨는 한 단 하루도 만나지 않을 수 없는 것이 바람이다.
우리나라의 기후를 제대로 이해하고 싶다면 바람을 읽을 줄 알아야 한다.
TV 기상 캐스터가 내일의 날씨를 자신 있게 발표하는 것도 바람을 보았기
때문에 가능한 것이다.

바람이 어떻게 만들어지는지, 우리나라에 큰 영향을 주는 바람은 무엇인지,
그런 바람을 인간 생활에 어떻게 이용하는지 등 다양한 바람 이야기를
만나 보자.

바람은 어디서 어디로 불까?

　바람은 공기의 이동이기 때문에 눈에 보이지 않는다. 나무가 흔들리거나 머리카락이 날리는 것을 보고 알 수 있을 뿐이다. "바람은 어디에서 어디로 불까?" 하고 물어보면 누구라도 금방 대답하지 못한다.

　물이 높은 곳에서 낮은 곳으로 흐르듯이 바람도 기압(지표에 가해지는 공기 압력)이 높은 데(고기압)서 낮은 데(저기압)로 흐른다. 바람은 공기의 압력 차이에 따라 공기가 수평으로 이동하는 현상이다. 기압은 기온의 영향을 받는데, 상대적으로 찬 쪽이 고기압을, 상대적으로 더운 쪽이 저기압을 이룬다.

　그럼 어느 곳의 공기가 더 차고 어디가 더 따뜻할까? 예를 들어 대륙과 바다를 살펴보자. 똑같은 태양열을 받아도 대륙과 바다는 서로 다르게 반응한다. 이를 바다와 육지의 비열 차이라고 하는데, 육지는 바다보다 비열이 작아서 더 쉽게 가열되고 쉽게 냉각되는 특징이 있다. 그래서 낮에는 육지가 더 뜨거워져서 저기압이 되고, 상대적으로 찬 바다가 고기압을 이루어 바람이 바다에서 육지로 분다. 한여름 낮 바닷가에서 바닷바람(해풍)이 시원한 이유도 바로 여기에 있다. 반대로 밤에는 육지가 쉽게 식기 때문에 고기압이 되고, 상대적으로 따뜻한 바다가 저기압이 되어 육지에서 바다로 바람이 분다(육풍). 그리고 해 질 무렵이나 해 뜰 무렵에는 육지와 바다의 온도가 비슷해지기 때문에 바람이 불지 않는다.

우리나라는 왜 서쪽 대기의 영향을 받을까?

지구에는 이름 있는 바람이 많이 있는데 그중에서도 바람 3형제 '무역풍, 편서풍, 극동풍'이 가장 잘 알려져 있다. 무역풍은 중위도에서 적도로, 편서풍은 중위도에서 고위도로, 극동풍은 극에서 고위도 지역으로 부는 바람이다. 이들 바람 3형제는 고집이 있어 일 년 내내 바람의 방향이 바뀌지 않는다. 그래서 이들을 항상풍(탁월풍)이라고 한다.

북반구에서 이들 바람 3형제는 북동쪽에서 남서쪽으로 휘어져 부는데, 그 이유는 지구가 자전하기 때문이다. 항상 같은 방향으로 부는 항상풍의 고집 덕분에 500년 전 콜럼버스는 아메리카 대륙으로 갈 수 있었다. 당시 콜럼버스와 같은 탐험가들이 유럽에서 아메리카로 갈 때는 남쪽의 아프리카까지 내려와 북동 무역풍을 이용하였고, 아메리카에서 유럽으로 돌아올 때는 아메리카에서 동해안을 따라 북쪽으로 이동한 다음 편서풍을 이용하였다.

우리나라는 북위 33°~43°에 걸쳐 있기 때문에 편서풍대에 속한다. 바람은 불어오는 쪽의 이름을 붙이므로, 편서풍은 서쪽에서 동쪽으로 부는 바람이다. 따라서 북위

항상풍 3형제

극동풍

편서풍

무역풍

60°

30°

적도

30°~60° 지역들은 모두 서쪽 대기의 영향을 받는다. 이것은 만약 우리나라 서해의 하늘 위에 구름 한 점이 있다면, 시간이 지나면서 서해 → 서해안 지역 → 내륙 지역 → 동해안 → 일본으로 이동한다는 뜻이다. 그래서 할아버지, 할머니께서 해 질 무렵 서쪽 하늘을 보면서 마치 점쟁이처럼 "내일은 날씨가 맑겠구나!" 또는 "비가 오겠구나!" 하고 말씀하신 것이다.

우리나라는 편서풍대에 속하는데 왜 계절풍이 불까?

우리나라와 같은 위도, 그러니까 우리나라에서 유라시아 대륙의 서쪽으로 쭉 가면 맨 끝에 있는 포르투갈은 우리나라보다 여름이 덜 덥고 겨울이 덜 춥다. 포르투갈뿐만 아니라 그 옆에 있는 에스파냐, 이탈리아, 그리스도 겨울이 따뜻하다. 그래서 이 나라들에는 겨울에도 많은 사람들이 관광을 온다.

이들 나라 외에도 북위 30°~60°의 유라시아 대륙 서쪽에 있는 나라들은 대서양의 기운을 가득 담은 편서풍의 영향을 크게 받아 우리나라보다 겨울이 따뜻하다. 앞에서도 말했지만 북위 30°~60° 지역은 서쪽 대기의 영향을 받는다.

그런데 우리나라의 서쪽은 대서양이 아니라 중국이라는 큰 육지다. 따라서 육지의 기운을 담은 편서풍의 영향을 받는다.

이처럼 편서풍의 영향을 받는데도 우리나라를 계절풍 지역이라고 하는 것은 편서풍보다는 계절풍이 우리 생활에 더 큰 영향을 주기 때문이다. 계절풍은 겨울과 여름에 방향이 바뀌는 바람인데, 겨울에는 시베리아 대륙이 태평양보다 더 차갑기 때문에 북서 계절풍이 불고, 반대로 여름에는 태평양이 시베리아 대륙보다 더 차갑기 때문에 남동 계절풍이 분다.

우리나라를 포함하여 유라시아 대륙의 동쪽과 남쪽에 있는 중국, 일본, 인도 같은 나라를 몬순 아시아라고 말하는데, 이때 몬순(monsoon)이 바로 계절풍이라는 뜻이다. 계절풍은 여름과 겨울에 특히 세게 불며, 우리나라는 겨울 계절풍이 유난히 세다. 심지어 겨울과 여름에는 계절풍이 너무 강해서 편서풍이 불고 있다는 사실을 깜빡 잊어버리기도 한다. 하나의 대륙이라도 서쪽에 있느냐 동쪽에 있느냐에 따라 엄청나게 기후 차이가 나타나는 것이다.

높새바람은 어디서 오는 바람일까?

바람은 산을 넘으면서 성질이 변하는데, 이것을 푄 현상이라고 한다. 세계적으로는 알프스를 넘는 푄이 가장 유명하고, 미국에서는 로키 산맥을 넘으면서 성질이 변하는 치누크라는 바람이 유명하다. 푄과 치누크가 산을 만나면, 바람을 정면으로 받는 바람받이 사면에서는 산을 타고 오르며 비를 내리고, 반대쪽에 있는 바람그늘 사면에서는 산 아래로 불어 내려가며 고온 건조한 바람으로 변하여 산지의 눈을 녹이거나 가뭄을 가져온다. 이런 특징이 나타나는 바람을 모두 알프스의 푄을 닮았다고 해서 '푄풍'이라고 한다. 이 고온 건조한 바람은 유럽이나 미국에만 있는 것이 아니라 세계 곳곳에 있다. 우리나라에도 높새바람이라고 하는 유명한 푄풍이 있다.

높새바람이라는 이름은 북풍인 높바람과 동풍인 샛바람의 합성어이며, 우리나라 북동쪽의 공기 덩어리(기단)가 고기압으로 발달하면서 부는 바람이다. 우리나라의 북동쪽에 있는 공기 덩어리라면 바로 오호츠크해 기단을 말한다. 늦은 봄에서 초여름 사이에, 지난해 여름철에 장마 전선을 만들어 많은 비를 내린 뒤 소멸되었던 오호츠크해 기단이 다시 살아난다.

● 태풍의 이름은 어떻게 붙일까?

태풍의 이름은 1953년부터 붙이기 시작했다. 처음에는 여자 이름을 붙였는데, 태풍이 너무 무서우니까 여성처럼 부드럽게 지나가라는 뜻이었다. 그런데 여성들이 "무서운 태풍에 왜 여자 이름만 붙이냐?"고 항의를 해서, 1979년부터는 남녀의 이름을 번갈아 가며 붙이게 되었다. 또 최근까지 태풍의 이름은 모두 서양식이었다. 그러다가 2000년부터 서양식 이름 대신 태풍의 영향을 받는 14개 나라로부터 저마다 고유한 이름을 10개씩 받아 태풍에 그 이름을 붙였다. 그래서 태풍에 관한 관심을 국제적으로 높이고자 하였다.

그리하여 남한은 개미, 나리, 장미, 수달, 노루, 제비, 너구리, 고니, 메기, 나비를, 북한은 기러기, 도라지, 매미, 갈매기, 메아리, 소나무, 버들, 봉선화, 민들레, 날개를 태풍의 이름으로 제출했다. 이 밖에 미국, 타이, 캄보디아, 중국, 홍콩, 일본, 라오스, 말레이시아, 필리핀, 베트남, 마카오도 자기 나라의 고유 이름을 냈다. 이렇게 모은 태풍의 이름에 차례를 정해 놓고 태풍이 발생하면 그 차례대로 이름을 붙인다.

태풍은 왜 오른손잡이일까?

　태풍이 불면 그 주변은 모두 폭격을 맞은 전쟁터처럼 변하는데 희한하게도 태풍이 지나가는 방향의 오른쪽에 있는 지역이 더 큰 피해를 본다. 왜 그럴까? 그것은 태풍이 오른손잡이이기 때문이다. 태풍 진행 방향의 오른쪽이 왼쪽보다 비도 많고, 바람도 더 세다. 예를 들어 태풍이 서해안으로 올라오면 우리나라가 큰 피해를 보는 반면, 동해안으로 지나가면 일본이 큰 피해를 본다.

　우리나라 쪽에서 볼 때 다행인 것은 태풍이 동해안 쪽으로 빠져나가는 경향이 많다는 것이다. 태풍은 가열된 바닷물로부터 증발되는 수증기가 응결할 때 방출되는 잠열을 에너지로 쓰기 때문에 해수 온도가 찬 쪽으로 오면 세력이 약해지고, 육지로 올라오면 급격히 약해지며 소멸한다.

몇 년 전 태풍이 남해안에 도착하여 내륙을 지나 동해안의 강릉으로 빠져나간 적이 있다. 그때 동해안 지역인 강릉은 하루에 비가 860mm나 내렸다. 일 년 동안 내릴 비의 대부분이 하루에 내린 것이다. 하지만 이때도 왼쪽에 있던 서쪽 지방은 비가 적었다. 그럼 태풍은 왜 오른손잡이일

반가워!

꽉!

헉

까? 힌두교나 이슬람교 지역에서는 왼손 쓰는 것을 금기시한다. 혹시 태풍이 힌두교나 이슬람교를 믿는 것일까?

그럴 리는 없겠지. 태풍은 적도의 바다인 필리핀 동부 해상에서 발생해 중위도 지역으로 불어가는 폭풍우이다. 적도의 바다에서 생긴 태풍이 고위도 쪽으로 이동하는 과정에서 북반구의 적도 주변에서는 북동무역풍이 불기 때문에 북서쪽으로 기울어지고, 중위도에 도착하면 편서풍의 영향을 받기 때문에 북동쪽으로 휘어진다. 그래서 남해안으로 올라오던 태풍이 주로 북동쪽인 일본을 향해 가는 것이다.

이때 태풍의 진행 방향 중 오른쪽은 저위도에서는 무역풍과, 중위도에서는 편서풍과 부는 방향이 일치하게 되어 힘이 더 세진다. 그러면 태풍의 오른쪽은 더욱 세찬 바람이 되고, 반대쪽인 왼쪽은 무역풍이나 편서풍과 부딪치게 되어 오히려 바람의 세기가 약해진다.

앞으로는 태풍이 온다고 하면 무조건 무서워할 게 아니라 어디를 지나가는지 확실히 알아 둘 필요가 있겠다.

황사는 어떻게 우리나라로 올까?

황사는 주로 봄철에 중국 내륙의 사막 지역에 있는 작은 모래와 먼지들이 뜨거운 열기와 함께 하늘 높이 오른 뒤 편서풍을 타고 동쪽으로 수천 km를 이동하는 현상이다. 오늘 우리나라에 온 황사는 적어도 하루 전이나 5일 전에 중국과 몽골 지방의 타클라마칸사막과 고비사막에서 뜨겁게 가열된 열기를 따라 하늘로 오른 미세 먼지나 모래인 것이다. 황사는 봄철 편서풍을 타고 여러 곳을 여행하는데, 적은 수이긴 하지만 아주 작고 가벼운 모래들은 태평양 한가운데 있는 하와이까지도 간다.

황사 현상이 나타나면 발원지인 중국의 사막에서 가까운 곳에 있는 도시들은 앞이 보이질 않을 정도로 짙은 황톳빛 세상이 된다. 텔레비전을 보면 황사 피해 지역으로 베이징이 많이 나오는데, 우리나라의 황사와는 비교도 안 될 정도로 시야가 뿌옇다. 아무튼 중국 여행을 좋아하는 황사는, 일부는 중국의 동쪽에 있는 도시에 내려서 머물고, 나머지는 다시 서해를 건너 해외여행을 한다. 여기서도 바다를 좋아하는 황사는 또 바다 위에 내린다. 하지만 더 가볍고 더 멀리 가고 싶은 황사는 '난 한국에 가서 한강 유람선을 타겠다.'며 우리나라로 온다.

⑤ 기온 이야기

겨울 아침, 외출 채비를 하며 스마트폰을 켠다. 이때 무엇이 가장
궁금할까? 밤새 무슨 일이 있었나 알려 주는 속보겠지?
그리고 또 궁금한 것은 오늘의 날씨, 그중에서도 기온이다.
기온은 대기의 온도다.
흔히 공기라고 말하는 대기는 햇빛을 받아 뜨거워지기도 하고,
밤이 되면 차가워지기도 한다. 또 바닷가의 공기는 습기를 머금어
더 천천히 뜨거워지는 반면 내륙의 공기는 건조해서 더 빨리 뜨거워진다.
그래서 우리는 별로 크지 않은 한반도에 함께 살지만 서로 조금은
다른 기온을 경험하며 사는 것이다.

'기온 이야기'에서는 기상과 기후의 개념, 지역 간 기온 차이가 나는 원인,
그리고 그에 따른 주민들의 삶을 들여다본다. 그리고 인간의 활동이
기온에 영향을 주어 나타나는 국지적인 기후 현상 등을 알아본다.

'오늘의 날씨'는 기후일까, 기상일까?

저녁 뉴스가 끝날 때쯤이면 아나운서는 "○○○ 기상 캐스터, 오늘의 날씨를 알려 주세요."라고 말한다. 사람들은 날씨나 계절에 대해 말할 때 기상이라는 말보다는 기후라는 말을 많이 쓰는데, 왜 '기후 캐스터' 라고 하지 않고, '기상 캐스터'라고 할까?

기후와 기상은 분명히 다른 말이다. 올해 8월 1일은 맑고 최고 기온이 35°C이고, 8월 2일은 흐리고 최고 기온이 29°C일 수 있다. 이처럼 8월 1일과 8월 2일의 날씨는 해마다 다르며, 이런 일시적인 대기의 상태를 '기상'이라고 한다.

하지만 우리나라의 8월은 언제나 후텁지근한 여름이다. 2017년 8월, 2018년 8월, 그리고 2019년 8월은 모두 여름이고 이것은 우리나라의 8월 '기후'인 것이다.

기후는 어떤 곳에서 수백, 수천 년 동안 지속적으로 반복되어 온 대기의 평균 상태이다. 예를 들면 북부 아프리카의 사하라 지역은 오랫동안 비가 약 0~250mm밖에 오지 않아서 사막 기후라고 하고, 라틴아메리카의 아마존 지역은 일 년 내내 뜨겁고 비가 많아서 열대 우림 기후라고 한다. 그러니 "오늘의 기후

'기상'과 '기후'는 서로 다른 말!

책 읽나!

컷!

감독

가 어때?"라고 물어보면 안 되겠지?

우리나라에는 왜 4계절이 나타날까?

적도의 열대에는 눈 내리는 겨울이 없고, 극에 가까운 한대에는 반팔 옷을 입을 수 있는 여름이 없다. 북극 가까이 가면 툰드라 기후가 나타나는데, 일 년 중 가장 덥다는 여름의 온도가 $10°C$를 넘지 않을 만큼 춥다. 그리고 그 여름조차도 한두 달 잠깐 나타나 일 년 내내 꽁꽁 얼어 있는 땅의 표면이 조금 녹을 뿐이다.

지구는 둥글기 때문에 태양이 적도와 극 주변에 똑같이 '100'이라는 열을 보냈다면 태양 빛과 수직인 적도는 좁은 면적으로 그 열을 받고, 극으로 갈수록 같은 양의 열을 받아들이는 면적이 넓어진다. 그래서 적도에서 극으로 갈수록 추워지는 것이다. 이를 테면, 난로 하나가 켜져 있는 교실과 똑같은 난로 하나가 켜져 있는 넓은 강당 중 어디가 더 따뜻할까? 말할 것도 없이 교실이다. 여기서 좁은 교실은 적도이고, 넓은 강당은 극 지역이다.

적도나 극 지역에서는 일 년 내내 지루한 기후만 지속되는 데 반해 우리나라에는 뚜렷한 4계절이 나타나 계절마다 국토가 예쁜 옷으로 갈아입는다. 이처럼 우리나라에서 다양한 기후가 나타나는 것은 지구가 둥근데다 기울어진 모습으로 공전을 하고, 또 우리나라가 그런 지구의 중위도에 있기 때문이다.

우리나라는 온대 기후일까, 냉대 기후일까?

우리나라 사람에게 "당신이 사는 곳은 온대 기후인가요? 아니면 냉대 기후인가요?"라고 물으면 뭐라고 대답할까? 아마, 온대 기후라고 대답하는 사람들이 많을 것이다. 기후를 구분하는 방법은 여러 가지인데, 여기서는 '쾨펜'이라는 학자의 기후 구분 방법에 따라 살펴보자.

기후를 구분할 때는 기온과 강수량, 식생 분포 따위를 기준으로 하는데, 쾨펜의 기후 구분에서는 일 년 중 가장 추운 달의 평균 기온과 가장 더운 달의 평균 기온을 중시한다. 그래서 열대나 온대처럼 따뜻한 곳에서는 추운 달의 기온이 얼마나 낮은가 하는 것으로 기후를 결정하고, 냉대나 한대처럼 추운 곳에서는 가장 더운 달의 기온이 얼마나 높은가를 따져서 기후를 구분한다. 일 년 중 가장 추운 달은 우리나라에서는 1월이지만, 세계 어디에서나 그렇지는 않다. 남반구는 1월이 여름이니까 7월이 가장 추운 달이 된다.

쾨펜은 가장 추운 달의 평균 기온 영하 3°C를 기준으로 그보다 따뜻하면 온대 기후, 그보다 추우면 냉대 기후로 구분하였다. 그럼, 우리나라에서는 어

> ● **쾨펜**(1846~1940년)
> 기후학과 기상학 발전에 큰 공헌을 한 사람이다. 그는 1884년에 극지방에서 열대 지방에 걸쳐 각각 연평균 온도 값을 기준으로 그 이상과 이하의 온도를 갖는 달을 구분하는 방법으로 세계 기온도를 작성했다. 그리고 1900년에는 기후 분류에 수학 체계를 도입하여 5가지 기후형으로 분류하였다. 쾨펜은 어린이를 사랑한 것으로도 유명하며, 사회적 공로를 인정받아 이름 앞에 폰(von)을 사용할 수 있는 권리(당시에는 귀족만 사용할 수 있는 권리였다)를 얻었지만 사용을 삼간, 겸손하고 고결한 성품이었다고 한다.

디가 온대 기후일까?

우리나라에서는 가장 추운 달의 평
균 기온 영하 3°C선과 대체로 일치하는
차령산맥을 기준으로 그 이남의 남부
지방이 온대 기후이다. 따라서 쾨펜의
기후 구분 기준에 따르면, 차령산맥보다
북쪽에 있는 서울은 냉대 기후이다. 서울 시민
들은 갑자기 더 추워지는 느낌이 들지도 모르겠
다. 어쨌거나 이제 누군가가 우리나라의 기후를 물어본다면 우리나라는
냉·온대 기후라고 대답하면 된다.

> 쾨펜 아저씨—
> 서울이 냉대 기후인 거
> 확실해요?
>
> 하악하악

우리나라에서 가장 더운 곳은 어디일까?

세계에서 가장 더운 곳은 이라크 동남부에 있는 바스라로, 자그마치
58°C까지 기온이 오른 적도 있다. 미국에 갔을 때 40°C 정도의 모하비
사막에서 5분을 버티려고 서 있었는데, 결국 1분 30초 만에 그늘로 도망
친 기억이 난다. 그런데 58°C라면? 상상도 하기 힘들 것 같다.

그럼, 우리나라에서 가장 더운 곳은 어디일까? 신문을 보면 "올여름
에는 밀양이 가장 덥다."거나 "합천이 가장 덥다." 또는 "양산이 가장
덥다."라고 말하는데, 이처럼 해마다 가장 더운 곳이 바뀐다. 이런 기사
가 나면 그 지역 주민들은 왜 자기네 지역을 가장 더운 곳이라고 말해서

관광객이 끊기게 하냐며 울상을 짓는다.

그런데 기온이나 강수량이 공식적으로 인정을 받으려면 기록 자체가 30년간의 평균치여야 한다. 이런 기준으로 볼 때 우리나라에서 가장 더운 곳은 경상북도 대구이다. 단순히 생각해 보면 저 남쪽 지방의 '땅끝 마을'이 있는 전라남도 해남이나 더 남쪽에 있는 제주도가 가장 더울 것 같은데, 오히려 이곳들보다 위도가 높은 곳에 있는 대구가 왜 더 더울까?

어떤 지역의 기온을 결정하는 데는 위도 말고도 여러 가지 요인이 더 있다. 예를 들면 그곳이 바닷가인지 내륙인지, 한류가 흐르는지 난류가 흐르는지, 산이 높은 곳인지 평야인지, 해발고도는 얼마인지 따위가 복합적으로 작용하여 그 지역의 기온을 결정한다.

이렇게 볼 때 밀양, 합천, 대구 등은 비교적 저위도 지역에 속하며, 태백산맥과 소백산맥, 그리고 남해안을 따라 달리는 산줄기에 둘러싸여 큰 그릇처럼 생긴 내륙 분지에 있다. 우리나라는 여름에 뜨겁고 습한 남동풍이 남쪽에서 올라오다가 남해안을 따라 달리는 산에 부딪치면 비구름이 만들어져 남해안에 많은 비가 내린다. 하지만 비를 내린 남동풍은 산지를 넘은 후에 이 도시들이 있는 영남 내륙으로 불어 내려가면서 건조하고 뜨거운 바람으로 바뀐다. 게다가 대구는 인구 250만 명의 대도시로 고층 건물뿐 아니라 많은 공장과 자동차에서 나오는 인공 열까지 합쳐져 정말 더운 곳이 된다.

우리나라에서 가장 추운 곳은 어디일까?

지구상에서 사람들이 사는 곳 중 가장 추운 곳은 시베리아 동쪽에 있는 베르호얀스크이다. 이곳은 기록상으로 영하 68°C까지 떨어진 적이 있는데, 그 정도면 사람이 물에 빠졌을 때 익사가 아니라 심장마비로 먼저 사망할 것이다. 그런데 세계에서 가장 추운 이곳은 일 년 내내 기온이 0°C를 넘지 않는 북극 주변에 있는 것이 아니라, 그보다 위도가 낮은 북위 약 68° 지역에 있다. 그런데도 베르호얀스크가 가장 추운 곳이라니! 그것은 베르호얀스크가 고위도에 있고, 시베리아의 내륙 깊숙이 자리하고 있어서 찬 대륙의 성질이 기온에 크게 영향을 주기 때문이다.

여기서 대륙의 성질이란, 육지가 바다보다 쉽게 뜨거워지고 쉽게 차가워지는 성질을 말한다. 그러니 대륙의 성질이 크게 반영된 기후는 여름이 뜨겁고 겨울이 차서 연교차가 큰 기후를 만든다. 사람 중에도 육지처럼 작은 일에도 쉽게 열을 내는 사람이 있는데, 모름지기 성품은 바다같이 서서히 가열되고 서서히 냉각되는 것이 좋다.

그러면 우리나라에서 가장 추운 곳은 어디일까? 대부분 국토의 가장 북쪽일 거라고 생각할 것이다. 가장 북쪽이라면 지도에서 한반도의 머리 꼭대기에 있는 함경북도 온성군이다. 그런데 온성군의 1월 평균 기온은 영하 12°C로 생각보다 춥지 않다. 우리나라에서 이보다 더 추운 곳은 많이 있으며 그 가운데 가장 추운 곳은 중강진이다. 중강진은 세종대왕 때 김종서 장군이 북방에 4군 6진을 설치하면서 방어하기 위해 만든 마을이다.

중강진이 온성보다 더 추운 이유는 베르호얀스크가 북극보다 더 추운 이유와 같다. 중강진은 최북단인 온성군보다 위도상으로 남쪽에 있지만, '우리나라의 지붕'이라는 개마고원에 있기 때문에 해발고도가 높다. 게다가 온성군에 비해 내륙 깊숙이 있기 때문에 쉽게 차가워지는 육지의 성질이 강하게 나타나 우리나라에서 가장 추운 곳이 되었다.

뚜렷한 4계절이 손해일까, 이익일까?

어떤 사람은 "우리나라가 4계절이 뚜렷해서 손해가 많다."고 한다. 여름에는 에어컨이나 선풍기가, 겨울에는 난로나 온풍기가 있어야 하고, 계절마다 다른 옷을 입고, 장마 때마다 축대 보수와 도로 정비도 해야 하고, 계절이 바뀌면 집 단장도 새로 해야 한다며, 이렇게 드는 비용이 만만치 않다는 것이다.

하지만 이렇게도 생각해 볼 수 있다. 만약, 우리나라가 일 년 내내 여름이라면 일 년 내내 에어컨을 켜야 하고, 일 년 내내 겨울이라면 일 년 내내 히터를 켜야 한다. 자동차도 에어컨이나 히터를 내내 켜야 하니까 연료비도 훨씬 많이 들 것이다. 그러니 우리나라의 봄과 가을은 오히려 연료비를 줄여 주는 절약의 계절이 아니겠는가?

우리나라도 여름 한낮에는 너무 더워서 일을 하기 어렵고, 겨울에도 혹한 때는 농사를 짓는 농부들이 거의 일손을 놓는다. 하지만 그런 때를 빼고 대부분의 날은 일을 하는 데 어려움이 없다. 요즘은 인구의 90% 이상이 도시에서 살고 있기 때문에 더더욱 활동할 수 있는 날들이 많다.

이것뿐만이 아니다. 봄은 넘치는 생동감으로 꽃을 피우고, 학생들은 이를 바라보며 패션 디자이너가 되어 보기도 한다. 여름에는 열대의 바닷가에서 일광욕과 해수욕을 즐길 수 있으며, 그때 몸짱으로 보이기 위해서 봄부터 열심히 운동을 한다. 가을이면 오색 단풍과 풍요로운 들판을 보며 마음의 부자가 되고, 누군가는 떨어지는 낙엽을 보며 시인이 되기도 한다. 겨울이면 현명한 철학자가 되고, 추운 겨울을 이기기 위한 물건을 만드는 발명가가 되기도 한다. 이런 모든 것들은 돈으로 따질 수 없는 4계절이 주는 풍요로움이며, 우리나라가 세계에 당당할 수 있는 원동력이 아니겠는가?

백두산에는 왜 만년설이 없을까?

만년설은 만 년 동안 쌓여 있는 눈일까? 그럼 천 년 동안 쌓여 있는 눈은 천년설일까? 아니다. 만년설은 일 년 내내 녹지 않는 눈이다. 일 년 동안 눈이 녹지 않으려면 북극, 남극, 그린란드, 히말라야나 알프스의 고산 지대처럼 일 년 내내 기온이 $0\,^{\circ}\mathrm{C}$ 이하여야 한다.

백두산

그럼 우리나라에는 만년설이 있을까? 우리나라에서 가장 높은 백두산(白頭山)은 '머리가 하얀 산'이라는 뜻이니 왠지 만년설이 있을 것 같지만, 실제로 백두산에는 일 년 중 약 일곱 달 정도만 눈이 쌓여 있다. 백두산은 해발고도 2744m로 우리나라에서는 가장 높은 산이지만, 만년설은 없다.

보통은 높은 곳으로 100m 오를 때마다 기온이 약 0.5℃씩 낮아지는데, 중위도 지역의 산에서는 해발고도가 3000~4000m는 되어야 만년설을 볼 수 있다. 만약 백두산의 해발고도가 3300m 정도였다면 만년설이 있었을 것이다. 비슷한 위도에 있는 일본의 후지산은 해발고도가 약 3700m인데 만년설이 있다. 그렇다면 적도 주변 열대의 고산 지역에서 3700m를 올라가면 만년설이 있을까? 절대 없다. 열대 지역은 너무 더워서 약 5000m는 올라가야 만년설이 있다. 케냐의 킬리만자로에는 만년설이 있는데 해발고도가 5000m를 넘는다. 반면 백두산보다 더 북쪽인 시베리아 북쪽으로 가면 해발고도 1000~2000m만 올라가도 만년설이 있다.

우리나라의 3한 4온은 사라졌다?

우리나라의 겨울은 12월부터 2월까지이다. 겨울은 우리 조상들에게 가장 지내기 힘든 시기였다. 마치 전쟁을 치르는 것과 같았다.

가을부터 서서히 차가워지기 시작하던 시베리아 기단이 12월이 되면 아주 차고 강력한 공기 덩어리로 변하여 우리나라를 덮는다. 시베리아 기단은 세계에서 가장 강력한 기단으로, 이것과 맞설 수 있는 공기 덩어리가 지구상에는 없다. 시베리아 기단은 매우 찬 기단이면서 대륙에 있는 건조한 기단이기 때문에 이 기단의 지배를 받는 우리나라의 겨울은 매우 춥고 건조하다.

하지만 우리나라의 겨울은 인간적인 면이 있다. 무슨 말인가 하면 3일은 혹독하게 춥지만 4일은 포근하고, 다시 추운 3일이 찾아온다. 이는 시베리아 기단이 주기적으로 강해지고 다시 약해지기 때문이다. 다시 말해 시베리아 기단이 3일 동안 강력하게 에너지를 쓰고 나면, 4일 동안은 힘이 빠져 쉬면서 에너지를 재충전하기 때문에 포근하여 4온이 나타난다는 뜻이다.

그런데 언젠가부터 우리나라 겨울에 이런 3한 4온이 잘 보이지 않는다. 12월이 한 달 내내 따뜻한가 하면, 입춘이 지난 2월에 한강이 얼기도 한다. 현재 이런 기후의 변화에 대해 "지구온난화 때문이다.", "태양의 운동 때문이다." 하며 말들이 많다.

꽃샘추위는 왜 나타날까?

봄이면 우리나라 곳곳에서는 벚꽃 축제, 진달래 축제, 철쭉 축제, 유채꽃 축제 같은 꽃 잔치를 벌인다. 봄이 아름다운 이유는 물어볼 것도 없이 꽃 때문이다. 사람들은 말할 것도 없고 산속의 새들도 연못 속의 개구리들도 꽃이 피기를 기다리는 이때, 찬물을 끼얹는 썰렁한 친구가 있다. 눈치가 없는 건지, 심보가 못된 건지, 온 세상이 꽃 잔치를 기다리며 들떠 있는데 '꽃샘바람'이라고 하는 심술쟁이가 피어오르던 꽃송이들의 기를 팍 죽인다. 심하면 눈을 뿌리기도 하는데 그럴 때는 피어오르던 꽃들이 죽기도 한다. 그렇게 되면 축제를 기다리던 관광객들은 실망을 하고, 꽃 축제로 자기 고장을 자랑하고 돈도 벌려고 했던 주민들은 울상이 된다.

도대체 이 심술쟁이 꽃샘바람은 어디서 오는 걸까? 이 바람은 누가 보낸 것일까? 설마 겨울 추위를 가져왔다가 얼마 전에 떠난 시베리아 기단은 아니겠지? 그럼 오호츠크해 기단일까? 아니야, 오호츠크해 기단은 늦은 봄(초여름)에 만나기로 했고, 북태평양 기단은 여름에 온다고 했는데….

꽃샘추위는 오래가지는 않고, 갑자기 와서 마치 한겨울처럼 기세가 등등하다가 며칠 지나면 맥없이 약해져서 초라한 뒷모습을 보이며 서서히 북쪽으로 간다. 설마 하고 따라가 보니 웬

걸, 이 추위는 시베리아에서 온 것이었다. 떠난 줄만 알았던 시베리아 기단이 다시 찾아온 것이다.

이렇듯 이른 봄에 꽃이 필 무렵이면 물러가던 시베리아 기단이 일시적으로 힘이 세져 우리나라에 꽃샘추위를 안겨 준다.

'열섬'은 어디에 있는 섬일까?

'열섬'은 영어로 히트 아일랜드(heat island)이다. 이 섬은 어디에 있을까? 아래 힌트를 보자.

1. '뜨거운 섬'이라는 이름을 가졌지만 열대와는 큰 상관이 없다.
2. 이 섬은 가격이 매우 비싸다. 이 섬을 다 살 수 있는 부자는 없다.
3. 섬이라니까 일본이나 인도네시아처럼 섬이 많은 나라에 있을 것 같지만 그것도 아니다.
4. 이 섬은 주로 인구가 많고, 공기가 그다지 좋지 않은 곳에 있다.
5. 열섬은 바다나 강으로 둘러싸여 있지 않고, 낮은 온도로 둘러싸여 있다.

이제 알겠지? 열섬은 높은 빌딩이 많고, 사람들로 북적이는 도심에 있다. 열섬은 곧, 도심이나 도시가 주변보다 기온이 높게 나타나는 현상을 말한다. 특히, 대도시의 중심지인 도심은 주로 열을 받으면 쉽게 뜨거워지는 콘크리트와 아스팔트로 되어 있고, 높은 빌딩들이 바람이 다니는 길을 곳곳에서 끊어 놓는다. 게다가 도심은 많은 사람들이 아침부터 지녁끼지 붐비는 곳이다. 이들을 실어 나르는 자동차가 뿜어내는 열기와 매연은 도심이 뜨거운 가장 큰 이유이다.

열섬 현상은 4계절 내내 나타난다. 그래서 겨울에도 도심에는 눈 대신 비가 내리는 경우가 많다. 열섬 현상은 도심의 온도뿐만 아니라 습도, 바람에도 영향을 준다. 도심은 주변 지역보다 뜨겁기 때문에 상승 기류가 잘 발달하고, 이 때문에 구름의 양이 많고, 비도 많이 내린다. 그런데 도심은 비가 많기 때문에 주변 지역보다 습할 것 같지만, 배수 시설이 잘 되어 있어서 많은 비가 배수구를 통해서 빠져나가고, 나머지는 물을 잘 흡수하지 않는 아스팔트 위에서 달리는 자동차의 열기 때문에 금방 증발해 버린다. 그래서 도심은 주변 지역보다 오히려 건조하다.

우리나라에서 열대야가 없는 곳이 있을까?

열대야란 해가 졌는데도 열대 지방처럼 기온이 25°C를 넘는 더운 밤을 말한다. 낮에 뜨거워진 지표가 식지 않고 밤에도 뜨거움을 유지하고 있기 때문에 나타나는 현상이다. 열대야가 나타나면 사람들은 가까운 강가나 바닷가로 나가 더위를 식히며 밤을 새운다.

열대야 현상은 어디에서 많이 나타날까? 북부 지방보다는 기온이 높은 남부 지방에서 더 자주 나타나고, 뜨거운 인공 열을 뿜어내는 대도시에서는 말할 것도 없이 자주 나타난다. 뜨거운 여름 열대야는 새벽으로 갈수록 기온이 낮아지면서 서서히 사라지는데, 어떤 곳에서는 아침까지 이어지기도 한다.

그러면 열대야가 아침까지 이어지는 곳은 주로 어디일까? '아마 내륙에 있는 대도시에서 열대야가 가장 오래갈 거야.'라고 생각할 것이다. 그리고 여름이면 사람들이 가장 많이 찾는 곳이 바다니까 바다는 열대야가 거의 없거나 적을 것이라고 생각할 수 있다. 그런데 실제로 조사를 해 보면, 해안 지역에 있는 도시들이 내륙에 있는 대도시에 비해서 열대

새근새근

야가 발생하는 횟수는 적지만 저녁에 생긴 열대야가 새벽까지 가는 경우가 많다. 그 이유는 바다가 육지보다 서서히 냉각되기 때문에 열대야가 발생하면 오히려 새벽까지 가는 것이다. 사실이 이렇다고 하면 무더운 여름에 바닷가로 바캉스를 떠나는 것에 대해 다시 한번 생각해 볼 일이다. 그래도 떠나겠다면 말리지는 않겠다. 낮에는 바다가 확실히 시원하니까!

그런가 하면, 우리나라에서 열대야가 생기지 않는 곳도 있다. 소백산맥과 태백산맥에 걸쳐 있는 높은 고산 지대의 지역들이다. 이곳 사람들은 열대야를 모르고 산다.

더워·· 더워

남부 지방과 북부 지방 중 어디 김치가 더 짤까?

우리나라는 4계절이 뚜렷하고, 각 지역의 기후와 지형에 따라 다양한 작물이 재배된다. 그래서 계절마다 세시 풍습에 따라 다양한 음식 문화가 발달하였다.

우리나라 음식 중에 가장 자랑할 만한 것으로는 김치가 있다. 김치는 겨울을 나기 위하여 늦가을에 담가서 땅에 묻어 저장한 음식이었다.

우리나라 김치가 얼마나 맛있는지 외국 사람들도 좋아한다. 특히 일본 사람들은 '기무치'라는 이름으로 우리의 김치를 자신들의 음식인 것처럼 포장해 해외에 수출도 한다. 그리고 중국에서는 김치를 '파오차이'라고 부르며 원래 중국에서 온 것이라고 주장하지만 그건 그들의 주장일 뿐이다.

김치는 배추에 고춧가루, 소금, 마늘, 젓갈 따위 온갖 재료를 넣어 담그는데, 모든 지역에서 똑같은 방법으로 담그지는 않았다. 남부 지방은 여름이 매우 덥고 습하기 때문에 음식이 금방 상할 뿐 아니라 김치도 빨리 시어 버린다. 그래서 조기젓, 밴댕이젓, 새우젓 같은 짠 젓갈이나 소금을 많이 넣어서 쉽게 맛이 변하지 않도록 하기 때문에 남부 지방의 김치는 짜고 맵다. 갓김치, 고들빼기김치는 남부 지방을 대표하는 김치이다.

반면 북부 지방은 남부 지방보다 덜 덥고, 더위도 짧아서 김치 맛이 변할 염려가 별로 없다. 그래서 소금을 조금만 넣고 대신 물을 많이 넣어서 동치미, 백김치 같은 것을 만들어 담백한 맛을 즐긴다.

지금은 세계화 시대이다. 세계화는 우리의 것이 세계로 나가고, 세계적인 것이 우리 안으로 들어와 큰 시장이 만들어진 세상이다. 세계화 시대에 세계로 가지고 나갈 만한 우리의 것은 무엇이 있을까? 독특하고 자랑스러운 우리 문화를 가지고 나간다면 세계 누구와 경쟁해도 뒤지지 않을 것이다. 그중에서도 우리의 음식은 경쟁력이 가장 큰 상품이 아닐까?

강수는 비와 눈을 모두 합쳐 부르는 말이다. 우리나라의 강수량은 해가
갈수록 늘고 있다. 10년 전 교과서에 나온 연 강수량은 약 1200mm였으나
지금은 1300mm를 넘어서고 있다. 아마도 지구온난화 탓이거나
아니면 자연스러운 기후 변화일 수도 있다. 강수는 여러 이유로 발생한다.
대기의 대류나 태풍 때문일 수도 있고, 산지를 통과하는
대기의 상승으로 발생할 수도 있다. 장마 때처럼 더운 공기와 찬 공기가
만나서일 수도 있다.

옛말에 몇 년간 이어진 가뭄 끝에는 먹을 게 있어도, 한 달 물난리 끝에는
먹을 게 없다고 했다. 그만큼 비와 눈은 필요하지만 무서운 존재이기도 하다.

'비와 눈 이야기'에서는 강수 현상의 이해를 통해 우리나라에서 비와
눈이 많은 곳과 적은 곳, 그리고 그런 강수 현상이 인간 생활에 미치는 영향과
문화 등을 알아보자. 또 비와 눈이 가져오는 재해에 대해서는 어떻게
대비해야 할지 고민해 보자.

우리나라에서 비가 많은 곳은 어디일까?

소우지(少雨地)는 비가 적게 오는 지역이고, 다우지(多雨地)는 비가 많이 오는 지역이다. 세계에서 비가 가장 적은 곳은 라틴아메리카의 아타카마사막이다. 아타카마사막은 서쪽으로 흐르는 페루 한류 때문에 사막이 된 곳으로 몇 년씩이나 비가 내리지 않는, 세계에서 가장 건조한 곳이다. 한류는 찬 바닷물로 지표면을 차갑게 만들어서 대기가 가열되어 상승하는 것을 방해한다. 상승 기류가 발달해야 구름이 만들어지고 비가 내린다. 보통 대기는 아래의 공기보다 윗쪽 공기가 더 차가운데, 한류 때문에 아래 공기가 더 차가우면 상승 기류가 생기지 않는다.

그런가 하면 세계에서 비가 가장 많은 곳은 인도의 아삼 지방으로 평균 10,000mm 이상 내리며, 많을 때는 20,000mm까지 내린다. 아삼 지방에 이처럼 비가 많은 것은 벵골만에서 많은 수증기를 포함한 여름 계절풍과 사이클론이라는 태풍과 같은 비바람이 히말라야 산지를 오르다가 비구름으로 변하여 비를 내리기 때문이다. 습한 바람이 높은 산지를 타고 오르면서 구름으로 변해서 내리는 비를 지형성 강수라고 하는데, 지형성 강수는 짧은 시간에 많은 양의 비를 뿌려 피해를 주는 경우가 많다.

우리나라는 다우지와 소우지의 강수량 차이가 그다지 크지 않지만 다우지와 소우지로 구분하는 이유는 강수량이 주민 생활에 큰 영향

쏴아

엥

을 주기 때문이다. 그럼 어느 정도의 강수량을 기준으로 다우지와 소우지를 나눌까? 사실 그런 것이 정확히 정해져 있지는 않다. 보통 우리나라의 평균 강수량이 1000~1300mm이니까, 평균에서 부족하면 소우지, 평균이 넘으면 다우지라고 생각하면 된다.

우리나라에 일 년 동안 얼마만큼의 비가 내릴지를 결정하는 열쇠는 장마와 태풍이 쥐고 있다. '장마 기간이 어느 정도인지'와 '태풍으로 인한 강수량이 얼마나 되는지'에 따라 그해의 강수량이 결정된다.

우리나라 최고의 다우지는 연 강수량 1800mm까지 내리는 제주도 남동부이다. 그다음은 남해안의 지리산 자락인 섬진강 유역과 한강 중·상류 지역이다. 북한은 남한보다 다우지가 적지만 청천강 상류 지역은 다우지이다. 우리나라 다우지는 '한라산, 소백산맥(지리산), 광주산맥(한강 중·상류), 묘향산맥(청천강 중·상류)'과 같이 비구름과 산지가 부딪치는 곳이라는 공통점이 있다. 그러고 보니 우리나라 다우지도 인도의 아삼 지방처럼 산(지형)과 관계가 깊다.

강수량이 풍부한 우리나라가 왜 물 부족 가능 국가일까?

세계자원연구소(World Resource Institute, WRI)는 약 19억 명이 살고 있는 17개 국가들의 수자원이 고갈될 수 있는 위험에 처했다고 경고하고 있다. WRI에 따르면 특히 인도, 이란 등 17개 국가들은 대부분 건조한 나라들로, 지하수에 지나치게 의존하고 있다.

또 인구 300만 명이 넘는 대도시들 가운데 33개 도시에 거주하는 2억 5500만 명이 물 부족으로 공중 보건과 사회 불안의 위기에 직면해 있다고 한다. 우리나라는 164개 물 부족 국가 중 상위인 53위에 올랐다. 다급하지는 않지만 미리미리 대비해야 한다.

우리나라는 강수량이 평균 약 1300mm이다. 이 정도면 물이 충분하다는 미국이나 오스트레일리아보다 평균 강수량이 더 많다. 미국은 평균 강수량이 약 700mm이고, 영토 대부분이 사막인 오스트레일리아는 미국보다도 더 적다. 그런데 이상하게 오스트레일리아는 오히려 세계에서 가장 물이 풍부한 국가이다.

사실 우리나라는 "돈을 물 쓰듯 한다."는 말이 있을 정도로 물이 흔한 나라였지만, 지금은 물을 사 먹는 나라가 되었다. 왜 우리나라가 물 부족을 걱정해야 할까? 사람들이 목욕을 너무 자주 하는 걸까? 아니면 사람들이 물을 너무 많이 마셔서일까?

우리나라가 물이 부족한 이유는 첫째, 인구가 빠르게 늘어나 약 5200만 명(2019년 기준)에 이르게 되어 물 소비량이 크게 늘었기 때문이다. 이에 비해 남한보다 77배나 큰 땅을 가진 오스트레일리아는 우리나라 인구의 절반 정도인 2500만 명이 살고 있으므로 물이 풍족하다.

둘째, 우리나라는 연 강수량 중 약 60%의 비가 여름에 한꺼번에 내리기 때문이다. 여름에는 홍수 위험이 커 넘치는 물을 바다로 빨리 내보내기에 바쁘다. 그렇게 많은 양의 물을 바다로 보내고 나면 실제로 우리가 쓰는 물은 전체의 약 20% 정도밖에 안 된다고 한다.

셋째, 우리나라는 물을 많이 쓰는 벼농사를 짓기 때문이다. 우리나라는 씨를 직접 밭에 심는 직파법이 아닌 이앙법으로 농사를 짓는다. 이앙법은 모판에 새끼 벼를 키운 다음 논에 물을 가두고 모를 옮겨 심는 방법이다. 이것은 절차가 복잡하고 일손도 많이 들어가지만, 생산량이 많아 우리나라의 농법이 되었다. 물론 지금은 벼농사를 거의 100% 기계로 짓기 때문에 과거처럼 손이 많이 가지는 않지만 봄부터 수확기 전까지 계속 논에 물을 대는 방법은 그대로다.

이 밖에도 우리나라는 가정에서 요리, 설거지, 세수, 목욕하는 데 쓰는 생활용수와 공장에서 기계를 돌릴 때 쓰는 공업용수의 소비량도 많다. 물 부족 문제는 먼 나라 일이 아니라 바로 우리의 문제이다. 물을 귀중하게 여기고 아껴 써서 국가적인 물 부족 문제도 해결하고, 개인의 경제에도 도움이 되도록 해야겠다.

우리나라에서 눈이 가장 많은 곳은 어디일까?

우리나라는 여름에 강수량이 많고, 겨울에 강수량이 매우 적다. 겨울 강수량이 전체의 약 10%니까 겨울은 4계절 중 가장 건조한 계절이다. 강수(降水)는 '하늘에서 내리는 물'이라는 뜻이다. 그러니까 비를 가리키는 강우와 함께 눈, 우박, 서리, 이슬 따위를 모두 포함하는 말이다.

우리나라에서 눈이 가장 많이 내리는 곳은 어디일까? 춥기로 유명한 북한의 중강진일까? 아니다. 우리나라에서 눈이 가장 많은 곳은 겨울이 온화한 울릉도다. 울릉도는 우리나라에서 유일하게 여름에 내리는

울릉도의 겨울

비의 양만큼이나 겨울에 눈이 많이 내리는 곳이다. 얼마나 눈이 많이 내리는가 하면, 세계 최고 농구 스타인 미국의 르브론 제임스(키 약 203cm)도 묻힐 만큼이다. 그래서 겨울이면 늘 눈으로 덮여 있는 울릉도는 먹을 것을 찾기 어렵기 때문에 겨울 철새들조차 잘 찾지 않는다.

도대체 울릉도에는 왜 그렇게 눈이 많이 내릴까? 겨울이면 시베리아에서 찬 바람이 불어오는데, 이 바람이 동해를 건너면서 바다로부터 많은 수증기를 공급받고 습한 바람으로 변한다. 그리고 화산섬인 울릉도에 부딪치면서 눈으로 내린다. 이렇게 눈이 많이 내리는 울릉도에서 주민들은 겨울을 어떻게 날까?

울릉도 우데기는 집일까?

"울릉도에서 옛날부터 전해 내려오는 전통 가옥은 무엇일까?" 하고 물으면, "우데기요."라고 대답하는 학생들이 많다. 그런데 울릉도의 전통 가옥은 우데기가 아니라 통나무를 정(井) 자 모양으로 쌓아서 만든 투막집(귀틀집)이다. 투막집은 나무가 많은 개마고원, 강원도 산간 지역, 울릉도 같은 곳에서 많이 볼 수 있다.

그럼, 우데기는 뭘까? 우데기는 많은 눈과 찬바람을 막는 방설벽이

자 방풍벽이다. 한꺼번에 1m의 눈이 내린다면 대문을 열 수가 없어서, 집 안에 갇히게 될 것이다. 그래서 울릉도 사람들은 처마 밑에 억새, 싸리나무, 옥수숫대, 판자같이 주변에서 쉽게 구할 수 있는 재료로 우데기를 만들어 두른다.

우데기를 설치한 집은 바람을 막아 보온이 잘되고, 우데기 안쪽에 만들어진 실내 공간은 땔감을 저장하고 활동할 수 있는 곳으로 이용된다. 그래서 우데기처럼 생긴 방풍벽은 울릉도에만 있는 것이 아니라 눈이 많고 바람이 센 지역이면 어디라도 있다. 단, 지역에 따라서 그것을 만드는 재료가 다른데 볏짚, 비닐, 나무판자 따위 여러 가지 재료로 만든다. 예를 들어 지금도 호남 지방에 가 보면 집을 비닐로 우데기처럼 두른 '까대기'라는 것이 있는데, 이것도 일종의 방풍벽이다.

우데기의 안팎 울릉도의 전통 가옥에는 처마에 우데기를 둘러 생긴 생활 공간이 있는데 여기를 창고로 쓰기도 한다.

소나기는 어떤 비일까?

밥을 짧은 시간에 몰아서 먹어 치우면 "소나기밥을 먹는다."라고 한다. 소나기는 짧은 시간 동안 퍼붓고 딱 그치는 비다. 마치 아무 일도 없었다는 듯.

소나기를 가장 좋아하는 사람은 누구일까? 우산 장수일 것이다. 한여름에 아침부터 푹푹 찌기 시작하면 속옷 차림으로 밖에 나가고 싶은 생각이 들 정도이니 누가 우산을 챙기겠는가? 그런데 맑던 하늘에 갑자기 먹구름이 끼고 '쏴!' 하는 소리와 함께 장대 같은 비가 내린다. 무더운 여름 한낮이라 시원하지만 우산이 없는 대부분의 사람들은 당황하기 마련이다. 더 황당할 때는 우산을 사서 버스를 타고 한 정거장 지나니 그곳은 비가 안 내릴 때다. 그래서 방금 산 우산을 깜빡하고 버스에 놓고 내리기 일쑤다.

물론 물건을 챙기는 세심함이 부족한 탓일 수도 있겠지만 소나기가 잠깐 동안 좁은 지역에 내리는 탓이기도 할 것이다. 우리 속담에 "소나기가 소 등을 가른다."는 말이 있다. 좁은 지역에 내리는 소나기의 특징을 강조하는 것으로 소의 머리 쪽은 비가 내리고 있는데 엉덩이 쪽에는 비가 오지 않는다는 말이다.

그런데 소나기는 왜 내릴까? 목욕탕에 가 보면 답을 알 수 있다. 넓은 목욕탕의 온탕과 열탕에서는 수증기가 모락모락 피어오른다. 올라간 수증기는 차가운 천장에 매달려 물방울로 변한다. 그러고는 '똑!' 하고 떨어진다. 온탕 위로 떨어진 물방울은 다시 수증기가 되어 위로 올라간다. 이와 같이 수증기가 오르내리는 대류 현상으로 소나기가 내린다. 한여름에 지표가 뜨겁게 가열되면 지표의 물이 빠른 속도로 수증기가 되어 하늘로 올라간다. 그러면 하늘에서는 비구름이 만들어지고 다시 비로 내린다.

해외에 소나기와 비슷한 형제가 있다. 바로 열대 지방의 '스콜'이다. 스콜은 비가 많고 뜨거운 열대 우림 지역에서 나타나는데, 이곳은 우리나라의 목욕탕처럼 언제나 뜨겁고 습하다. 그래서 대류가 활발히 일어나고 이 때문에 매일 오후쯤이면 '우루루 쾅쾅' 요란을 떨면서 한두 시간 소나기가 내리는데, 이를 '스콜'이라고 한다.

장마는 왜 생길까?

'장마'는 중국과 일본에도 있다. 장마는 중국에서는 '메이우', 일본에서는 '바이우'라고 하며, 특히 일본의 경우 '쉬린'이라고 하는 가을장마가 더 무섭다고 한다. 최근에는 우리나라도 가을장마가 상당한 양을 기록하며 내리는 경우가 늘고 있다.

'장마에 떠내려가면서도 가물 징조라고 한다.'는 속담이 있다. 한 치 앞도 모르면서 잘난 체하는 사람을 비아냥거리는 말이다. 또 '가뭄 끝은 있어도 장마 끝은 없다(가뭄 피해보다 장마 피해가 훨씬 크다는 의미).'라든지, '가뭄 때 배 사 두고, 장마 때 수레 사 두어야 한다(큰일이 일어날 것을 대비해 미리 잘 준비해야 한다는 의미).', '장마 때 홍수 밀려오듯(갑자기 감당 안 될 정도

로 마구 밀려오는 것을 의미)' 등 장마 관련 속담이 많다. 워낙 장마의 영향을 많이 받고 살아서 그렇다.

우리나라는 6월 하순이 되면 장마가 시작되고, 7월 하순이 되면 끝난다. 물론 최근에는 맞지 않는 경우가 많아서 장마철이란 말을 하기도 어색할 때가 있다. 하지만 지난 수십, 수백 년 동안을 보면 평균적으로 그랬다. '우기'는 열대의 사바나 기후나 지중해 지역의 지중해성 기후에만 쓰는 말인 줄 아는데, 사실 장마철이 우리나라에서는 '우기'라고 할 수 있다.

비가 내리는 이유는 여러 가지이지만, 결론은 상승 기류의 발달, 다시 말해 지표에서 하늘 높이 올라간 수증기가 물방울로 바뀌어 내리는 것이다. 장마는 장마 전선이 만들어져 내리는 '전선성 강수'라고 한다. '전선'이라 하면 왠지 전깃줄이 떠오르고 가는 선(線)으로 되어 있을 것 같지만, 전선은 영어로 라인(line)이 아니라 프론트(front)라고 쓴다.

실제 장마 전선은 두께가 수백 km에 이르는 널따란 면(面)이다. 방학 때 여행지에 있는 콘도나 호텔에 가면 방을 배치해 주고 돈을 받는 곳, 말하자면 손님과 주인이 만나는 곳인 프론트가 있다. 이처럼 전선은 성질이 다른 두 기단이 만나는 지대이다. 주로 북쪽 바다에서 만들어진 습하고 찬 공기 덩어리와 남쪽 바다에서 만들어진 습하고 더운 공기 덩어리가 만나면 무거운 찬 공기 덩어리 위로 가벼운 더운 공기 덩어리가 올라가며 물방울로 바뀌어 비를 내린다.

우리나라의 장마 전선은 열대의 북태평양 기단과 한대의 오호츠크해 기단이 만나서 만들어진다. 차가운 오호츠크해 기단 위로 따뜻한 북태평양 기단이 올라가며 상승 기류와 함께 전선대가 만들어져 비를 내리는 것이다.

장마가 휴식을 하는 이유는?

초여름에 찾아오는 장마는 약 한 달 동안 우리나라 전역에 비를 내린다. 그런데 장마 때라고 해도 날마다 쉬지 않고 비가 내리는 것이 아니라 며칠 간격으로 맑은 날이 나타난다. 그래서 사람들은 잠깐 해가 나는 동안 빨래를 하고, 일광욕을 하며 우울한 기분을 달래고, 습기를 잔뜩 먹은 이불을 말리기도 한다.

'장마 휴식 현상'은 오랫동안 내리던 비가 잠깐 그친 것을 가리키는 말인데, 이것은 장마 전선이 남북으로 이동하기 때문에 나타나는 현상이다. 그럼, 장마 전선은 왜 남북으로 이동하는 걸까?

초여름이 되면 열대의 북태평양 기단이 태양의 전폭적인 지원을 받으며 북상한다. 이때 우리나라 동해 바다에는 이미 늦은 봄에 되살아난 한대의 오호츠크해 기단이 높새바람을 일으키며 한반도를 뒤덮고 있기 때문에 이 두 기단은 '6월 말'에 제주도 남쪽 바다에서 만난다. 오호츠크해 기단은 "남부 지방을 포기할 테니 중부 지방과 북부 지방은 나에게 달라."고 한다. 하지만 태양의 지원을 받는 북태평양 기단은 8월까지 태양이 자신을 강력하게 지원해 줄 것을 알고 있기 때문에 오호츠크해 기단의 제안을 거부한다. 그러고는 바로 반격을 시작하여 제주도에서 남해안을 거쳐 남부 지방까지 밀어붙인다.

북태평양 기단의 기세에 눌려 북쪽으로 밀려났던 오호츠크해 기단은 남부 지방을 지키기 위해 전력을 다해 북태평양 기단과 맞서 싸운다. 이렇게 되면 두 기단의 힘이 막상막하가 되어 장마 전선이 남부 지방에 오랫동안 머물게 된다. 이때 남부 지방에는 몇 날 며칠 동안 비가 내리고, 사람들은 우울해하지만 우리나라 최대의 곡창 지대인 남부 지방의 벼들은 무럭무럭 자란다.

태양의 지원을 받는 북태평양 기단과 달리 오호츠크해 기단은 빨리 지친다. 따라서 장마 전선은 다시 북쪽으로 올라간다. 중부 지방을 거쳐 북부 지방까지 올라가면 남부 지방은 북태평양 기단의 한복판에 들어가게 되고, 장마 휴식 현상이 나타나 불볕더위가 된다. 이때는 오랜만에 나타난 햇볕이 반가워 사람들도 좋아하지만 곡식들도 좋아한다. 다시 며칠이 지나면 계속 밀어붙이다 지친 북태평양 기단에 비해 움츠리며 힘을 모아 둔 오호츠크해 기단이 다시 남쪽으로 밀어붙인다. 그럼, 장마 전선이 북부 지방에서 다시 중부를 지나 남부까지 내려온다. 이때는 북부 지방에 장마 휴식 현상이 나타나고 맑은 날이 된다. 장마 기간 내내 이런 지루한 싸움이 반복되며 비와 불볕더위가 번갈아 나타나는 것이다.

우리나라의 장마는 참 인간적이라는 생각이 든다. 한 달 동안 내내 비가 내린다면 많은 사람들이 우울증 환자가 될 텐데 장마 휴식 현상을 통해 조금은 숨통을 트여 주니 말이다.

무상일수란 무엇일까?

무상일수를 한자로 쓰면 없을 무(無), 서리 상(霜), 날 일(日), 수 수(數)이다. 즉 1년 365일 중 서리가 없는 날 수를 말한다. 우리나라에는 24절기가 있는데 그중 가을의 마지막 절기가 상강(霜降)이다. 상강은 서리가 내린다는 말이며, 양력 10월 23일경이다. 서리는 아침과 저녁의 기온이 내려가 차가워지면서 수증기가 지표에 엉겨 붙은 것이다. 이를 서리가 내렸다고 한다.

우리 속담에 '한 해 김치 맛은 상강에 달려 있다.'는 말이 있다. 그건 상강에 서리를 맞은 배추와 무는 수분이 많아져 아삭거리는 질감이 좋아지기 때문에 생겨난 말이다.

하지만 모든 농작물이 서리를 맞으면 좋아지는 것은 아니다. 쌀이나 목화 등 서리를 맞으면 시들해지고 죽어 버리는 농작물이 대부분이다. 그래서 대부분의 농작물은 무상일수에 따라 재배해야 한다. 예를 들어 우리나라에서 재배하는 쌀 품종은 무상일수가 150일이다. 즉, 서리가 내리지 않는 기간이 150일 이상 되어야 재배할 수 있다는 말이다. 그래서 추운 곳에서는 벼농사가 어려운 것이다. 담배는 100~120일 정도면 되니까, 담배 농사는 우리나라 어느 곳에서든 가능하다. 한편 목화는 200~220일이니 우리나라에서는 남해안 지역 정도는 돼야 재배가 가능하다.

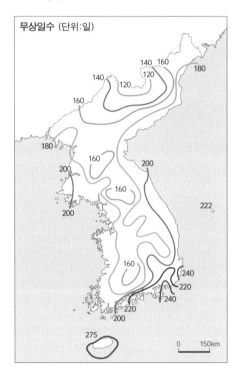

무상일수 (단위:일)

따라서 농부들은 무상일수를 반드시 알아야 했고, 지금도 농사를 꿈꾸는 사람이라면 무상일수를 알아야 한다. 아무리 기계가 발달했다고 해도 농사는 여전히 하늘에 그 운명이 달려 있다. 우리나라의 무상일수는 남쪽으로 갈수록 길어지며 북쪽과 고원 지대로 갈수록 짧아진다. 북한이 남한에 비해 쌀 생산량이 적은 것은 산이 많고 기술이 부족하기 때문이기도 하지만 상대적으로 무상일수가 짧기 때문이기도 하다.

상강에는 단풍이 절정이고, 국화가 아름다워 가을 나들이를 즐겼다. 조상들은 이때 국화주를 마시고 국화로 전을 부쳐 먹기도 했다. 또 추수를 마무리하고 겨울맞이 채비를 하는 때이기도 했다.

마지막으로 상강이 되면 조심해야 할 것이 있다. 바로 건강이다. 일교차가 커지고 아침, 저녁으로 추워지기 시작하는 때이니 만큼 감기에 걸리지 않도록 옷을 따뜻하게 입고 잠을 충분히 자는 것이 좋다.

재해는 자연이 주는 재해와 인간이 만든 재해로 구분된다.
자연재해는 주로 기후 현상이나 지형 발달 과정과 연결되어 있다.
그래서 아프고 슬프지만 인간이 자연재해의 발생 자체를 막을 방법은 없다.
아니, 있다고 해도 함부로 막으면 안 된다. 만약, 인간이 시도한다면
또 다른 재앙이 뒤따를 수 있기 때문이다. 반면, 인간이 만든 재앙은
인간의 욕심에 그 원인이 있다.

자연재해를 완전히 막을 수는 없지만 대책을 마련해서 그 피해를
최소화할 수는 있다. 그런데 인공재해는 인간이 욕심을 버리고 노력하면
될 것 같은데 현실에서 인간이 욕심을 버린다는 것은 지구가 자전을
멈추는 것보다 힘들고 불가능하다.

'재해 이야기'에서는 다양한 재해의 원인과 현상에 대한 이해를 높이고,
나아가 그 피해를 줄이기 위한 노력을 알아보자. 그러면 재해에 현명하게
대비하는 것이 실제로 큰 이익이 된다는 것을 깨닫게 될 것이다.

봄이면 영서 지방에 왜 가뭄이 들까?

오호츠크해 기단이 태백산맥 동쪽에 사는 영동 지방 사람들하고 한 약속이 있다. 그것은 '봄이면 농사짓는 데 필요한 비를 주겠다.'는 것이 었다. 그래서 모심을 때가 되면 영동 지방 사람들은 '오호츠크해 기단, 파이팅!'을 외치며 논으로 나가는데, 이때 태백산맥 서쪽에 사는 영서 지방 사람들은 오호츠크해 기단이 그 약속을 잊어버리기를 간절히 바란 다. 그래서 제사도 지내고 산신령께 빌기도 하는데, 이 오호츠크해 기단 은 신용이 있어서 영동 지방 사람들과의 약속을 잊어버리는 일이 없다.

해마다 봄이면 높새바람(북동풍)이 분다. 이 바람은 동해를 지나면서 바다의 영향으로 습해진다. 그리고 영동 지방에 도착해서 태백산맥을 넘는 동안 비구름으로 바뀌어 영동 지방에 비를 내린다. 그리고 태백산 맥 정상에서 '야호!' 한번 외치고 영서 지방을 향해 아래로 내려가는데, 이때는 뜨겁고 건조한 바람으로 변신을 한다.

높새바람이 불면 영서 지방, 경기 지방, 호남 지방, 관서 지방에는 가 뭄이 들고 곡식들은 목말라 죽는다고 아우성이다. 심하면 논바닥이 거북 이 등처럼 갈라지기도 한다. 그래서 건조한 관서 지방에서는 가을에 심 은 보리, 밀 같은 곡물이 봄에 성장 할 때 그 뿌리가 마르지 않도록 땅 을 밟아서 토양수의 증발을 최소화 하는 진압 농법으로 농사를 지었다.

> **● 영동 · 영서 · 영남?**
> 대관령을 중심으로 서쪽이 영서 지방, 동쪽이 영동 지방이다. 그러면 영남 지방은 대관령 남쪽일까? 아니다. 소백산맥 자락인 조령(문경새재) 남쪽에 있는 경상남북도가 영남 지방이다.

황사는 상을 받아야 할까, 벌을 받아야 할까?

봄이면 황사가 우리나라를 뒤덮는데, 강원도와 같은 동쪽 지방에 비해 한강 유람선이 떠다니는 서쪽 지방이 중국과 더 가깝다는 이유로 더 많은 황사가 찾아온다. 이때부터 컴퓨터 제조 공장, 항공사, 정밀 기계 공장 같은 곳은 황사가 들어오지 못하게 철저히 문단속을 하며 비상근무에 들어가고, 병원은 눈병이나 호흡기 환자들로 넘친다. 그래서 많은 사람들이 황사가 오래 머무르는 것을 싫어한다.

더욱이 중국의 동부에 있는 공업 도시를 지나오는 황사는 카드뮴, 납 같은 못된 친구들과 함께 우리나라를 찾는다. 카드뮴, 납 같은 중금속은 인체에 들어가면 몸속에 쌓여서 건강에 치명적인 피해를 입힌다.

바로 이 잘못된 만남이 황사를 자연 현상이면서 대기 오염 현상으로 만든 것이다. 과거 중국의 공업화가 미진했을 때는 황사가 어떤 현상인가 하고 물으면 자연 현상이라고 답했다. 그러나 지금은 자연 현상이자 대기 오염 현상이라고 해야 한다.

하지만 황사는 착한 봉사 활동도 많이 한다. 먼저, 산성화된 우리나라 토양에 내려앉아 영양분을 준다. 원래 건조한 지역의 토양은 영양분이 많기 때문이다. 만약 황사가 없었다면 우리나라 땅은 농산물을 생산하기 어려운 몹쓸 땅으로 변했을 것이다. 그뿐만 아니다. 서해에 내려앉은 황사는 플랑크톤의 영양분이 되어 바다 생물들을 살찌우고, 남해에 내린 황사는 바닷물이 붉게 썩어 가는 적조 현상을 해결해 준다.

황사를 막을 수 있을까?

황사는 인간의 의지와 관계없이 자연의 순리에 따라 봄마다 찾아오는 불청객이다. 따라서 황사를 없애는 것은 불가능하지만, 국제 협력을 통해서 피해를 최소화할 수는 있다. 먼저 황사가 언제 올지, 얼마만큼의 모래를 몰고 올지 예측한다면 피해를 줄일 수 있을 것이다.

황사 예보는 황사 발원지에 있는 모래나 먼지 입자의 크기, 지표면의 건조한 정도, 지표 가까이에서 부는 바람의 예측이 중요하다. 특히 지표가 얼마나 건조한지는 우리나라에 얼마만큼의 모래가 올지 알 수 있는 가장 중요한 정보이다. 만약 봄이 오기 전까지 황사 발원지가 평소보다 더 건조했다면, 우리나라에서 황사 피해가 클 가능성이 높다.

　　하지만 이런 예보를 정확히 하는 것은 말처럼 쉬운 일이 아니다. 특히 지표 가까이에서 부는 바람은 지표면의 기복이 복잡한 만큼 변화가 심하기 때문에 예측하기가 매우 어렵다. 또 황사 발원지가 동서로 약 6400km, 남북으로 600km나 뻗은 중국 북부 사막 지역과 몽골 지방에까지 이르는 광대한 지역이어서 황사 관측소를 열 곳으로 늘리고, 관측 지역도 만주와 북한, 중국 접경지대까지 넓혔지만 실제 효력이 있을지 의심스럽다.

　　황사라고 하면 우리는 그 발원지로 중국이나 내몽골만 생각해 왔다. 하지만 황사란 아주 작은 먼지이고, 이 작은 먼지는 지표 위에 풀이나 나무와 같은 피복이 없는 맨땅이라면 어디서나 발생할 수 있다.

　　북한은 1990년대 중반부터 식량 부족으로 '고난의 시간'을 보냈는데, 주민들이 식량 증산을 위해 산을 깎아 다랑논과 남새밭을 만들고 연료 부족으로 산의 낙엽까지 다 긁어 버리는 바람에 산림이 황폐화되었다. 산림의 황폐화는 여름철 강수 때문에 일어나는 대홍수와 '북한발 황사'의 원인이 되었다. 북한에서 시작되는 황사는 거리가 가깝기 때문에 우리나라의 먼지 농도를 2~3배나 악화시킬 가능성이 크다. 따라서 식량 지원만큼 북한의 산림 복원을 지원하는 것도 중요한 일이다.

우리나라 사람들이 무서워하는 자연재해는?

자연재해란 인간 생활에 피해를 주는 가뭄, 홍수, 태풍, 지진 따위 자연 현상을 말한다. 우리나라는 비교적 자연재해가 적은 나라이므로 사람들은 이런 우리 땅에 감사하며 살아간다. 그렇다고 자연재해가 전혀 없는 것은 아니다. 우리나라도 여름이면 장마와 태풍 때문에 물난리를 자주 겪는다. 더욱이 태풍은 바람 피해까지 주기 때문에 우리나라 사람들이 가장 무서워하는 자연재해이다.

일반적으로 최대 풍속이 초속 17m 이상인 열대 저기압을 태풍이라고 한다. 하지만 세계기상기구(World Meteorological Organization, WMO)는 열대 저기압 중에서 중심 부근의 최대 풍속이 초속 33m 이상인 것을 태풍(TY), 초속 25~32m면 강한 열대성 폭풍(STS), 초속 17~24m면 열대성 폭풍(TS), 그리고 초속 17m 미만이면 열대 저압부(TD)로 구분한다.

태풍은 모두 합해 1년에 28개 정도 발생한다. 그중 우리나라까지 찾아오는 태풍은 1년에 평균 2~3개 정도이며, 주로 7~9월에 온다. 이 가운데 인명 피해나 재산 피해와 같은 큰 피해를 주는 경우는 2년에 한 번 꼴이다.

태풍은 중심 기압이 낮을수록 강력하다. 전에는 중심 기압으로 태풍의 강도를 정했다. 중심 기압이 920헥토파스칼(hPa)이면 최대 풍속이 초당 65m에 이르는 초대형 태풍으로, 원자 폭탄을 맞은 것보다도 더 큰 피해를 가져온다. 그러나 지금은 태풍의 강도를 중심 부근의 최대 풍속(10분 평균)에 따라 나눈다.

구분	최대 풍속
약	17m/s(34knots) 이상 ~ 25m/s(48knots) 미만
중	25m/s(48knots) 이상 ~ 33m/s(64knots) 미만
강	33m/s(64knots) 이상 ~ 44m/s(85knots) 미만
매우 강	44m/s(85knots) 이상

우리나라에서는 1959년 9월에 왔던 '사라'가 태풍의 대명사이다. 자그마치 849명이 사망했고, 1600억이 넘는 어마어마한 재산 피해를 가져왔다. 한국전쟁으로 삶의 터전을 잃고 재건에 힘쓰던 사람들에게 태풍은 또 한 번 좌절을 안겨 주었다.

태풍의 위험은 지금도 현재 진행형이다. 2019년 9월, 초강력 태풍

'링링'은 초속 52.5m로, 1959년부터 우리나라를 거쳐 간 역대 태풍 중에서 5위였다. 1위는 2003년 매미(초속 60m), 2위는 2000년 프라피룬(초속 58.3m), 3위는 2002년 루사(초속 56.7m), 4위는 2016년 차바(초속 56.5m)다. 이런 태풍들로 입은 피해는 아직까지 주민들에게 고통을 주고 있다.

태풍도 착한 일을 할까?

우리나라 사람들은 태풍을, 미국 사람들은 허리케인을, 인도 사람들은 사이클론을, 오스트레일리아 사람들은 윌리윌리를 무서워한다. 이 네 개의 비바람은 열대 바다에서 발생해 중위도 지역으로 이동하는데, 지구촌 모두에게 두려운 존재이다. 하지만 태풍은 반드시 있어야 하는 존재이기도 하다.

적도의 바다는 지나치게 많은 열이 모이기 때문에 언제나 열 과잉 상태인 반면, 극은 언제나 열 부족 상태이다. 그래서 극과 적도 사이를 오가는 해류와 항상풍이 열을 순환시켜 균형을 유지한다. 이렇게 항상풍과 해류가 하루도 쉬지 않고 일을 하는데도 적도 지역은 열 과잉으로 몸살을 앓는다. 과식한 뒤 운동을 해도 소화가 잘 안 되면 소화제를 먹듯이, 해류와 항상풍이 그렇게 노력해도 남는 열은 태풍이 모아서 다시 고위도 지역으로 분산시키는 것이다. 그러니까 태풍은 지구의 열 균형을 위해 열심히 맡은 바 책임을 다하는 셈이다.

최근 들어 지구온난화로 지구가 점점 뜨거워지면서 태풍이 더욱 세지고 횟수가 늘어난 것도 알고 보면 태풍이 열심히 일을 하고 있다는 증거이다.

이 밖에도 태풍은 더운 여름을 시원하게 하고, 오랜 가뭄을 해결해 준다. 또 바닷물을 뒤집어 적조와 해양 오염을 줄이고 해양 생태계에 활기를 불어넣는다. 그래서 태풍이 지나간 뒤에는 고기가 잘 잡힌다.

미세 먼지가 왜 무서울까?

미세 먼지는 말 그대로 아주 작은 먼지를 말한다. 얼마나 작을까? 먼지 하나씩 보려고 하면 거의 눈에 안 보일 만큼 작다. 하지만 먼지도 무더기로 있으면 보인다. 예를 들어, 대청소하는 날 교실 안 사물함을 밀어내고 구석구석을 쓸어 내다 보면 교실에 먼지가 자욱해지는 것을 볼 수 있다. 그래서 미세 먼지가 심한 날은 짙은 안개가 낀 듯 갑갑하다.

먼지를 이루는 물질은 다양한데, 흙먼지는 물론 공장이나 자동차가 석탄이나 석유 같은 화석 연료를 태울 때 나오는 배출 가스에서도 많이 발생한다.

우리나라 전국 6개 주요 지역의 미세 먼지 구성 비율은 황산염, 질산염 등이 58.3%로 가장 높고, 탄소류와 검댕 16.8%, 광물 6.3% 순이다. 작은 먼지라고 하기엔 너무 치명적인 물질로 무장해 있는 셈이다.

먼지는 총 먼지(50μm 이하)와 미세 먼지(10μm 이하)로 나뉘는데, 머리카락 지름이 50~70μm인 것을 감안하면 미세 먼지가 얼마나 작은 존재인지 쉽게 이해된다. 참고로 1μm(마이크로미터)＝1/1000mm이다.

미세 먼지가 이렇게 작다 보니 못 가는 곳이 없다. 공기 중에 흩어져 다니다가 사람의 입이나 콧속으로 들어가면 호흡기를 통해 폐로 침투하고 다시 혈관을 타고 이동하면서 우리의 건강을 해친다. 세계보건기구(WHO) 산하의 국제암연구소에서는 미세 먼지를 암을 일으키는 1군 물질로 정하였다.

그래서일까? 미세 먼지의 위험성을 알 수 있는 증거가 있다. 환경부가 2017년 발표한 자료를 보면 초미세 먼지로 인한 국내 조기 사망자 수는 1만 1924명(2015년 기준)이었다. 조기 사망자란 일찍 죽은 사람을 말한다. 미세 먼지는 '심질환 및 뇌졸중(58%)'에 가장 나쁜 영향을 주었으며, '급성하기도호흡기감염 및 만성폐쇄성폐질환(각 18%)', '폐암(6%)' 등과도 관련이 있었다.

미세 먼지로 가득한 도시

미세 먼지 어쩌면 좋지?

　미세 먼지가 생기는 원인은 다양하다. 환경부 발표에 의하면 우리나라 미세 먼지의 80%는 중국에서 온 것이고, 나머지는 국내에서 발생한 것이라고 한다. 그러니 중국과 외교를 통한 해결책이 시급하다.

　하지만 중국에서 저질 석탄 사용을 줄이고 경유 자동차 사용을 제한하기를 기다리려면 너무 오랜 시간이 걸린다. 게다가 중국 정부는 한국 미세 먼지의 주범이 자신이란 것도 인정하지 않는다. 오히려 서울에서 미세 먼지가 심한 날 베이징은 멀쩡했다고 말하고 있다. 그게 거짓말이란 건 중국도 잘 알고 있다. 그리고 중국도 자국을 위해 스스로 미세 먼지 양을 줄이려고 노력하고 있다.

　실제 중국에서는 미세 먼지를 포함한 스모그와 같은 대기 오염 때문에 약 260만 명이 조기 사망하고 있다는 연구 보고서도 있다. 그런데 중국의 이런 노력이 언제 결실을 맺을지 묘연하다. 현재까지도 정부는 중국과 함께 미세 먼지 대책을 세우려고 고민하고 있다.

　그렇다면 당장 개인은 어떻게 자신의 건강을 지킬 수 있을까?

　우선 집 밖에 나갈 일이 있으면 마스크를 착용해야 한다. 마스크를 썼다고 무조건 안전한 건 아니지만 그래도 미세 먼지 차단 효능이 좋은 마스크를 꼭 착용하는 게 좋다. 또 귀가 후에는 반드시 몸을 씻어야 한다. 특히, 코와 손을 잘 씻어야 한다. 또 에어 필터나 공기 청정기를 켜는 것도 좋다. 담배를 피우거나 촛불을 켜면 미세 먼지 농도가 높아지므로 피해야 한다.

한편, 호흡기나 심혈관 질환자, 아이와 노인, 임산부는 미세 먼지가 심한 날에는 가급적 바깥나들이를 하지 않는 게 좋다. 운동이 건강에 좋다고 하지만 이런 날에는 실외 활동을 자제해야 한다. 특히, 자동차가 많이 다니는 도로변에서 조깅이나 산책을 하는 것은 건강에 해롭다.

한반도는 지진으로부터 안전할까?

1979년 충청도 홍성에서 진도 5.0의 지진이 발생해 집 담벼락이 무너지는 등의 피해가 났다. 그 뒤 우리나라에서 지진 관측이 시작되었고 한동안은 잠잠했다. 그런데 2016년 한 해에만 252회에 이르는 지진이 발생했다. 우리나라 관측 역사상 가장 잦은 지진이었다. 이때 경주 지진(진도 5.8)이 발생했다. 우리나라 지진 관측 역사상 가장 강력한 지진이었다. 그런데 2017년에도 이런 잦은 지진 발생이 이어졌고, 심지어 우리나라 역사상 두 번째로 강력한 포항 지진(진도 5.4)이 발생했다. 피해액은 정부 공식 집계로만 551억 원이라고 한다.

1999~2018년 우리나라의 연평균 지진 발생이 약 70회 정도였다. 1987~1998년에 연평균 지진 발생이 19회 정도였던 것을 보면, 1999년 관측 방법이 디지털 방식으로 바뀌면서 지진 발생 횟수가 급증한 걸 감안하더라도, 왠지 불길한 예감이 든다. 하지만 어떤 학자는 큰 지진이 발생하면 작은 여진이 이어지므로 최근 지진 횟수만 가지고 판단하기는 어렵다고 한다. 그리고 포항 지진은 자연 지진이 아니라 인공 지진임이

밝혀졌다. 지열 발전소에서 땅속으로 유체 (물)를 주입해 일어난 촉발(유발) 지진이었다. 따라서 피해를 입은 포항 시민들은 정부를 상대로 피해 보상을 하라며 목소리를 높였다.

그럼 지열 발전소가 세워진 곳이면 모두 지진이 발생할까? 그렇지는 않다. 포항 지진은 지열 발전소를 세우면서 지하 깊숙이 판 시추공이 단층을 건드린 것으로 보인다. 단층은 지각이 끊어진 곳을 말하며 이런 단층을 건드리면 지각이 움직이면서 지진을 촉발할 수 있

2017년 포항 지진 당시 피해를 입은 학교 외벽

다. 포항 땅 밑에는 '양산 단층대'라고 해서 수많은 단층이 모여 있다.

지열 발전은 땅을 깊게 파서 묻은 관에 물을 부은 후 땅속열로 물을 데워 이때 발생하는 수증기로 전기를 생산한다. 그런데 시추공을 1000개씩 파다 보면 단층을 건드릴 수 있다. 특히, 지하 4~5km 지점까지 파들어 가는 심부 지열 발전 방식은 더 위험하다. 지하 200m 정도까지 파는 일반 가정 지열 발전은 큰 상관이 없다고 한다.

그럼 우리나라는 지진으로부터 안전한 곳일까?

결론부터 말하자면 "NO!"이다. 2000년 이후로만 봐도 태안, 신안, 백령도, 안동, 제주, 평창, 통영 등 여러 곳에서 규모 4.0 이상의 지진이 발생했다. 지도에 위 도시들을 점으로 찍는다면 인천광역시, 충청남도, 전라남도, 강원도, 경상북도, 경상남도, 제주특별자치도 등 남한 거의 전역이 포함된다.

이 정도면 언제든 지진이 발생할 수 있는 조건을 갖췄다고 봐야 하고, 에너지가 쌓이고 쌓이다 보면 큰 지진이 발생할 수도 있을 것이다. 사실 아직까지의 기술 수준으로는 정확한 지진 예측이 불가능하다. 몇 년 사이에 나타난 통계로 강력한 지진을 단언하기도 어렵다. 왜냐하면 인간에게 1, 2년이란 시간은 길면 길다고도 할 수 있겠지만 땅에게는 그다지 큰 의미 없는 시간이기 때문이다.

지진 전문가들은 말한다. 서울에서 규모 6.5 이상의 지진이 발생하면 11만 명의 사상자가 나오고, 38만 채의 건물이 파괴될 것이라고. 현재, 서울에서 내진 설계가 되지 않은 건물은 66만 채로 알려져 있다. 이 건물들은 규모 5.0 이상의 지진이 발생하면 피해를 입을 수 있다.

위치 이야기

'나는 중위도에 있는 대한민국의 서울에서 태어났다.
서울에서 태어났기 때문에 표준어를 쓰고, 옷장에는 여름 반팔과 봄,
가을 점퍼와 겨울 코트가 있다.' 이처럼 내가 어디에 위치하고 있는가는
내가 왜 이런 사람이 되었는지를 말해 주는 중요한 근거 중 하나이다.

이와 마찬가지로 어디에 위치하는가에 따라 도시의 운명이나 나라의 운명도
달라진다. 지금으로부터 30년 전 경기도 부천에는 복숭아 과수원과
논이 많았다. 하지만 지금은 거의 없다. 왜 그럴까? 바로 서울 옆에 위치하고
있기 때문이다. 아마 서울로부터 멀리 떨어진 시골 어디쯤에 있는 논이나
복숭아 과수원은 지금도 그 모습 그대로일 것이다.

'위치 이야기'를 통해 위치에 대한 이해를 높인다면 보이지 않던 많은 것을
볼 수 있는 능력이 생길 것이다.

우리나라는 지구의 어느 곳에 있을까?

우리나라는 북반구, 그중에서도 유라시아 대륙에 있다. 유럽과 아시아를 따로 말하니까 두 대륙이 뚝 떨어져 있는 것 같지만 유럽과 아시아는 이어져 있다. 그래서 이름하여 유라시아 대륙이라고 하는데, 우리나라는 그 동쪽 끝에 자리 잡고 있다. 이 자리는 내가 교실에서 좋아하던 창가 자리처럼 아름다운 초록 바다를 곁에 두고 있으며, 세상을 밝히는 해가 뜨는 곳이다. 고구려를 세운 주몽이 꿈꾸었던 '옛 조선(古朝鮮)'이라는 이름은 원래 '해가 떠오르는 아침의 땅'이란 뜻의 '아사달'에서 유래한 것이다. 그런데 이웃 나라 일본(日本)의 이름도 '해가 돋는 곳'이란 뜻이란다. '조선'과 '일본'의 이름이 같은 뜻이라니….

우리나라에서 서쪽으로 계속 가면 유라시아 대륙 저 끝에 포르투갈이 있다. 포르투갈은 우리에게 익숙한 나라는 아니지만 2002년 한·일 월드컵 때 우리에게 무릎을 꿇은 나라로 기억할 수 있겠다. 그날 박지성 선수가 날아온 공을 가슴으로 받아 떨어지는 공을 왼발로 차서 골키퍼 가랑이 사이로 넣어 게임을 끝냈지. 대~한민국!!! 궁금한 사람은 유튜브에서 검색해 보기 바란다. 그런데 최근에는 유럽에서 물가가 싸고 옛 모습을 많이 간직한 나라로 알려져 찾는 사람들이 늘고 있다.

우리나라는 적도에 가까운 저위도와 극에 가까운 고위도의 중간인 중위도에, 그리고 대륙과 해양 사이에 있어서 축구 선수로 치면 최근 뜨고 있는 이강인의 포지션이다. 현재 유럽에서 뛰고 있는 이강인은 공격도 하고 수비도 하는 미드필드로 누구보다도 많이 뛰어야 하는 자리에

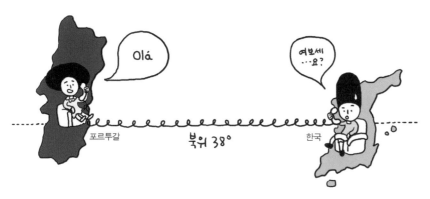

있다. 어쩌면, 그래서 우리나라 사람들이 누구보다도 열심히 사는 것일지도 모른다.

한편 우리나라의 위치를 숫자로도 표현할 수 있는데 이를 수리적 위치라고 한다. 수리적 위치란 바로 경도와 위도를 써서 위치를 표현하는 것이다. 세계 지도를 펴 보면 가로 세로로 난 선이 보이지? 이것이 바로 가로 위자와 세로 경자를 써서 이름을 만든 위도와 경도이다. 경도는 영국을 지나는 본초자오선을 기준으로 잰 각도이고, 위도(경위도)는 적도를 기준으로 잰 각도로 북극, 남극과 수직인 90°를 이룬다. 경도와 위도는 지구 위에 그은 가상의 선인 경선과 위선으로 나타내는 위치이다. 수리적 위치로 본 우리나라는 북위 33°~43°, 동경 124°~132°에 걸쳐 있다.

만약 우리나라가 다른 곳에 있었다면?

만약 우리나라가 미국의 로스앤젤레스(LA) 자리에 있다면 지금 몇 시일까?

만약 우리나라가 싱가포르의 자리에 있다면 12월에 눈이 내릴까?

만약 우리나라가 건조 기후 지역에 있었다면 무엇을 먹고 어떻게 생활했을까?

만약 우리나라가 러시아 자리에 있었다면 바닷가에 많은 공장을 세울 수 있었을까?

이런 질문들에 답하려면 우리나라의 위치 때문에 어떤 일이 생기는지 알아야 한다. 아주 많은 일이 생기는데, 다 말하면 지루하니까 몇 가지만 알아보자.

① 우리나라는 영국보다 9시간 빠르다.

② 우리나라는 봄, 여름, 가을, 겨울의 4계절이 뚜렷하다.

③ 우리나라는 대륙과 해양을 잇는 육교와 같다.

④ 우리나라는 중국, 일본과 싸움을 많이 하였지만, 지금은 중국이 우리의 가장 큰 무역 상대국이다.

만약 우리나라가 미국의 LA 자리에 있다면 지금보다 17시간 늦을 것이고, 싱가포르 자리에 있다면 12월에도 푹푹 찌는 여름 날씨일 것이다. 그리고 건조 기후 지역에 있었다면 우리 민족은 벼농사를 짓지 않고 유목 생활을 했을 것이다. 또 러시아의 북쪽 바닷가 자리에 있었다면 겨울에 대부분의 바다가 얼기 때문에 바닷가에 많은 공장을 세우지 못했을 것이다.

혹시 '우리나라가 어디에 있든지 우리 하기 나름'이라고 생각할지 모르지만 그건 그렇지 않다. 만약 우리 나라가 유라시아 대륙의 동쪽 끝이 아닌 중국의 한복판에 있었다면 지금 우리는 어떻게 되었을까? 중국이 한국이 되었을까? 아니면, 중국 국경 안에 살고 있는 50여 소수 민족처럼 우리도 한족(漢族)의 지배를 받는 소수 민족 가운데 하나가 되었을까? 역사에서 가정은 큰 의미가 없다고 하지만, 아마 그 둘 중 하나가 되었을 것이다.

서울과 도쿄는 같은 시간을 쓴다. 하지만 실제로 서울은 동경 127° 에, 도쿄는 동경 140°에 자리 잡고 있다. 게다가 두 도시는 1000km 이상 떨어져 있다. 경도 간격 15°가 1시간인데, 실제 서울과 도쿄의 경도 간격은 13°이니 두 도시가 거의 1시간 차이가 나는 거리에 있는 것이다. 그래서 실제로는 서울보다 도쿄에서 약 1시간가량 먼저 해가 진다.

그런데 이상한 것은 우리나라가 동경 124°~132°에 걸쳐 있지만 우리의 시간을 결정하는 동경 135° 표준 경선은 일본을 지난다는 사실이다. 이 이야기를 하자면 130년 전으로 거슬러 올라가야 한다. 1884년에 세계 여러 나라가 모여 영국의 그리니치 천문대를 지나는 경선을 기준으로 시간을 계산하기로 했다. 지금은 미국이 가장 강하지만 그때는 영국이 가장 강한 나라여서 그렇게 정해졌다. 세계 곳곳에 식민지를 건설했던 영국은 '해가 지지 않는 나라'라고 불릴 정도였다. 아무튼 시간을 정하는 데에도 국력이 작용했다.

그러면 우리나라는 왜 일본을 지나가는 135°선을 표준시로 했을까? 우리나라의 시간이 지금과 같이 정해진 것은 1961년이다. 해방 뒤 우리 나라의 일에 깊이 관여하던 미군이 우리나라와 일본의 시간이 달라 군 사 작전에 애를 먹는다고 푸념을 하자, 당시 정부가 우리나라의 시간을 일본의 표준 경선에 맞추어 주었다고 한다.

우리나라를 지나는 표준 경선은 127.5°선이다. 그런데 이 선을 표준 시로 쓰면 세계 표준시와 달리 30분 단위로 표준 시간을 정해야 한다. 따라서 지금 시간을 변경하면 혼란이 발생하고, 국제적으로도 엄청난 조정 과정이 필요하기 때문에 바꾸지 않고 그냥 쓰고 있다.

세계에서 가장 많은 표준 시간을 가진 나라는?

보통 영토가 작은 나라들은 우리나라처럼 1개의 시간을 표준시로 쓰지만 영토가 큰 나라들은 다르다.

세계에서 영토가 가장 넓은 나라는 러시아이다. 러시아는 유럽에서 아시아까지 걸쳐 있는 나라로 전체 면적이 1709만 ㎢이다. 이것은 남한 면적의 약 170배이며 남한과 북한을 합한 면적의 약 78배이다. 러시아 의 영토를 비행기로 횡단하려면 10시간은 걸린다. 그래서 러시아는 세 계에서 가장 많은 표준 시간을 가진 나라로, 11개의 표준시를 쓰고 있 다. 러시아에서는 저녁에 동부에서 발생한 사건을 서부에서는 생방송으 로 아침 뉴스 시간에 듣는다. 이 나라 사람들의 시간 개념은 어떨지 좀 궁금하다.

그런가 하면 영토가 넓어서 여러 표준시를 써야 하는데도 하나의 시간으로 통일한 나라가 있다. 바로 중국이다.

중국은 경도 약 60° 사이에 걸쳐 있어서 4개 정도의 표준시를 써야 하는데 베이징을 중심으로 동경 120°를 표준 경선으로 하는 1개의 표준시만을 쓰고 있다. 이는 중국의 중심이 동부이고 중국을 지배하는 다수 민족인 한족이 대부분 동부에 살고 있기 때문이다. 그러니까 이것은 한편으로는 서부에 살고 있는 다른 소수 민족들을 무시하는 처사라고 봐야지. 아무튼 중국이 언제까지 이런 시간 체계를 고수할지 지켜봐야겠다.

2026년 월드컵 때 우리나라 경기는 몇 시에 할까?

2026년 월드컵은 북아메리카의 미국, 캐나다, 멕시코에서 공동 개최를 한다. 그동안 2002년 한일 월드컵을 빼고는 단독 국가가 개최했는데 월드컵 규모가 커지면서 여러 나라가 공동으로 개최하기를 희망한 것이다.

그런데 다른 대륙에서 월드컵이 열리면 우리는 또 잠을 설쳐야 하지 않을까? 예를 들어, 유럽에서 월드컵 경기나 올림픽 경기가 열릴 때면 우리 국민들은 잠을 제대로 잘 수가 없다. 대부분의 경기가 우리나라 시간으로 자정 이후부터 새벽 사이에 열리는 탓이다. 모두가 잘 알다시피 이것은 우리나라와 유럽 간의 시간 차이 때문이다. 그럼 2026년 월드컵 때는 얼마나 잠을 설쳐야 하는지, 미국의 LA에서 경기를 하고 있다는 전제 하에 우리나라와의 시간 차이를 계산해 보자.

지역 간 시간 차이는 경도 차이로 계산을 하는데 360°의 지구를 24시간으로 나누면 한 시간이 몇 도인지 알 수 있다. 계산을 해 보면 경도 간격 15°가 한 시간이다. 영국의 그리니치 천문대를 기준으로 동쪽으로 가면 동경, 서쪽으로 가면 서경이다. 지구가 자전하고 있기 때문에 서쪽에서 동쪽으로 경도 15°를 지나면 1시간을 더하고, 반대로 동쪽에서 서쪽으로 경도 15°를 지나면 1시간을 뺀다. 그리고 동경 180°선과 서경 180°선이 만나는 경선이 날짜 변경선(international date line)이다.

영국은 24시간의 가운데에 자리 잡고 있으며, 날짜 변경선을 사이에 두고 왼쪽에 있는 러시아 동쪽 끝이 시간이 가장 빠르고, 이곳과 마주보는 날짜 변경선 오른쪽에 있는 미국의 알래스카 서쪽 지역이 시간이 가장 늦다. 이 두 곳은 거리상으로는 매우 가깝지만, 하루라는 시간 차이가 나서 시간상으로는 서로 세계에서 가장 먼 곳이라 할 수 있다.

'빠르다', '늦다'란 말이 좀 헷갈리지? 예를 들어 만약 우리나라가 오전 10시면 영국은 오전 1시인데, 이럴 땐

우리나라가 영국보다 시간이 빠르다고 한다. '늦다'는 그 반대이고….

미국의 LA는 서경 118°선이 지난다. 따라서 시간에 적용하는 표준 경도는 서경 120°이다. 그렇다면 LA는 영국보다 8시간 늦고, 우리나라보다는 17시간 늦다. 그러니까… 음, 만약, 6월 10일 저녁 6시(18시)에 한국과 미국이 LA에서 경기를 한다면 우리는 6월 11일 오전 11시(18시+17시간)에 '대~한민국'을 외치겠다.

우리나라의 경위도 기준점은 어디일까?

만약 원양 어업을 나간 배가 엔진 고장으로 태평양에서 떠다니고 있다면, 이 배를 어떻게 찾을 수 있을까?

"여보세요! 도와주세요. 배가 고장 나서 꼼짝을 할 수가 없습니다."

"지금, 그곳이 어딘가요?"

"예, 이곳은 태평양이고, 주변에 파도가 넘실거립니다. 가끔 상어도 지나가고…."

"좌표로 말해 주십시오."

"좌표는 모릅니다."

과연 이 어부는 구조될 수 있을까?

지구 위에 그어 놓은 가상의 선이 경선과 위선이라고 앞에서 얘기했지? 지구상에 위치를 표시할 때 이 경위도를 쓰는데, 경도의 기준은 영국의 그리니치를 지나는 자오선(본초 자오선)이고, 위도의 기준은 적도이다.

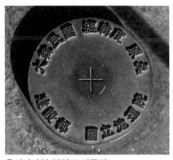

우리나라의 경위도 기준점

그런데 일이 있을 때마다 본초 자오선과 적도로부터 측량을 하기는 너무 불편하고, 비용도 엄청나다. 그래서 각 나라마다 기준이 되는 경위도의 기준점을 정해 놓았다. 우리나라도 1981~1985년에 천문 관측을 하여 경위도 기준점을 정했다. 그곳은 수원의 국토지리정보원 안에 있다.

그렇다면 경상도나 전라도처럼 먼 곳에서도 위치 측량을 하려고 수원까지 찾아가야 할까? 그런 불편함을 없애려고 전국의 산과 들에 3~4km마다 기준점(삼각점)을 정해 놓았다. 이것을 기준으로 모든 측량을 한다.

우리나라의 해발고도 기준점은 어디일까?

남한에서 가장 높은 산은 한라산으로 해발고도가 1950m이고, 내륙에서는 지리산이 해발고도 1910m로 가장 높다. 동네 어느 산을 가더라도 정상에는 해발고도가 나와 있는데 도대체 그 기준은 어디일까? 서해나 남해처럼 간조 차이가 큰 바다라면, 밀물 때는 바닷물이 높아지고 썰물 때는 낮아지니 언제를 기준으로 해발고도를 정해야 할까? 그렇다면 동해가 기준일까? 동해와 서해의 해수면 높이가 다르기 때문에 이 문제는 더욱 정하기가 어렵다.

그리하여 바닷물이 가장 많이 올라왔을 때와 가장 많이 내려갔을 때의 평균을 기준으로 평균 해수면을 정했다. 그런데 문제가 있다. 바닷물은 늘 출렁이기 때문에 해발고도를 잴 때마다 찾기가 어렵다. 그래서 평균 해수면 값을 육지 위에 옮겨 놓았는데, 그것이 수준점이다. 우리나라의 수준점은 인천의 인하대학교 안에 있다. 경위도 기준점처럼 수준점도 전국의 도로를 따라 2~4km마다 표시되어 있다.

여기서 문제 하나! 백두산의 높이를 우리나라에서 잴 때 수치와 중국에서 잴 때 수치가 같을까? 백두산은 가만히 있지만 높이는 같지 않다. 우리나라와 중국의 수준 원점 높이가 다르기 때문이다. 실제로 우리나라에서는 백두산 높이를 2744m로 보고, 중국에서는 2749.2m로 본다.

우리나라와 비슷한 위도·경도에는 어떤 나라들이 있을까?

우리나라와 비슷한 위도에 있는 나라로는 유라시아 대륙의 포르투갈, 그리스, 터키, 아프가니스탄, 중국, 일본, 그리고 태평양 건너 아메리카 대륙에는 미국이 있다. 미국이나 중국은 우리나라보다 땅이 훨씬 넓지만 국토의 일부분이 우리나라와 비슷한 위도에 있다.

우리나라와 비슷한 경도에 있는 나라로는 북쪽으로 러시아와 중국, 남쪽으로는 필리핀 부근을 지나 동티모르, 오스트레일리아가 있다. 이런 나라들로 여행을 한다면, 유럽이나 미국을 여행할 때처럼 큰 시차 때문에 고생하는 일은 없을 것이다.

시대에 따라 위치의 의미가 달라진다

교실에서 내 자리만큼 중요한 것이 있다면 그것은 짝꿍일 것이다. 짝꿍이란 가장 가까이 있는 사람인데, 그렇다 보니 자주 싸워서 '원수'가 되기도 하지만 다른 반의 덩치 큰 아이가 싸움을 걸어 올 때는 한편이 되어 힘을 합치기도 한다.

우리나라는 북쪽으로는 압록강과 두만강을 사이에 두고 중국, 러시아와 국경을 접하고 있고, 서쪽에는 바다 건너 중국, 동쪽에는 바다 건너 일본이 있다. 그리고 남쪽은 바다로 열려 있다. 그래서 우리나라가 국력이 강할 때는 대륙과 해양으로 진출하는 데 이로웠지만, 국력이 쇠약할 때는 대륙과 해양 양쪽으로부터 간섭과 침략을 받거나 고립되었다. 이렇듯 우리나라의 짝꿍은 바로 중국, 일본, 러시아, 그리고 바다이다.

요즘 뉴스를 보면 우리나라는 선진국 일본과 우리를 쫓아오는 개발도상국 중국 사이에서 샌드위치 상황이라고 한다. 우리나라가 위치로 볼 때 샌드위치인 건 사실이지만 보는 관점에 따라 다르게 볼 수도 있다. 대륙과 해양을 양쪽에 두고 있어 두 지역으로 진출하기에 유리한 육교로 말이다.

우리 조상들은 우리나라의 지리적 위치를 이용해서 삼국 시대에는 고구려가 만주 벌판까지 영토를 확장하였고, 백제가 유교 문화와 한자를 바다 건너 일본에 전파하였다. 일찍이 해상 무역을 이끌어 동아시아의 해상 왕국을 열었던 신라의 장보고, 거북선과 같은 철갑선을 만들어 바다를 지켰던 조선 시대 이순신의 지혜는 바로 3면이 바다이며 대륙과

해양 사이에 있는 우리나라의 지리적 위치 때문에 생겨난 것이다.

우리나라는 세계적으로 배를 잘 만드는 나라로 통한다. 1970년대 세계 10대 조선국으로 발전하였고, 1980년대에는 세계 5대 배 수출국이 되었다. 그리고 1993년에는 조선 왕국이라 불리던 일본을 제치고 세계 1위 배 수출국이 되었다. 최근에는 세계 경제가 불황을 겪으며 배 주문이 줄어들어 우리나라 조선업도 어려움을 겪고 있지만 한때는 몇 년간은 만들어야 할 만큼 많은 양의 배를 주문받기도 했다.

오늘날 우리나라가 수출을 하여 국가 경쟁력을 키우고, 해외 무역, 원양 어업을 발전시켜 전 세계로 진출하고 있는 것도 다 지리적 위치의 혜택이라고 할 수 있다.

자원 이야기

예나 지금이나 전쟁의 본질은 영토와 자원을 차지하기 위한 싸움이다.
겉으로는 민족 차별, 종교 차이, 이념 차이가 원인이었다고 해도
그 속내는 영토와 자원을 확보하기 위한 싸움이었음을 부인하기 어렵다.
지금 이 시각에도 세계는 자원 때문에 싸우고 있다. 지구는 유한한 공간과
자원을 가진 행성이다. 그런데도 인구는 지속적으로 증가하고 있다.
그러니 인간들의 전쟁은 어쩌면 끝이 없을지도 모른다.

우리나라는 자원이 부족하다. 특히, 석유와 같은 매우 중요한 에너지 자원이
거의 없다. 갑자기 없는 자원이 땅에서 솟아나올 리는 없겠지만, 일본,
네덜란드, 오스트리아, 핀란드처럼 자원이 부족해도 잘사는 나라들이 있다.
그리고 우리도 오랜 세월 노력해서 선진국 반열에 올라서 있다.

'자원 이야기'를 통해 자원이란 우리에게 어떤 존재일까?
우리에게는 어떤 자원이 부족하며, 왜 부족할까? 또 우리에게 풍부한 자원은
무엇이며, 그 자원을 어떻게 활용하면 좋을까? 등 자원을 둘러싼 다양한
궁금증을 풀어 보자.

자연은 모두 자원일까?

텅스텐은 스웨덴어로 '무거운 돌'이라는 뜻이다. 텅스텐은 주로 텅스텐강처럼 합금을 제조하거나 백열전구의 필라멘트, 용접용 전극 따위로 사용되면서 자연에서 자원으로 바뀌었다. 1960년대까지만 해도 우리나라는 세계 3대 텅스텐 수출국이었다. 전쟁이 끝난 후 아무것도 내다 팔 게 없던 시절, 주로 자원을 수출했는데 가장 대표적인 것이 텅스텐이었다.

그러나 중국이 더 싼값으로 텅스텐을 수출하기 시작하면서 우리나라의 텅스텐은 팔리지 않았고, 텅스텐을 캐던 광부들도 모두 광산을 떠났다. 이제 우리나라는 텅스텐을 수입해서 쓰는 나라가 되었다. 지금도 강원도 일대에는 텅스텐이 매장되어 있으나 경제성이 없기 때문에 캐지 않는다.

우리나라의 텅스텐은 기술적으로 이용할 수 있는 자원이지만 경제성 있는 자원은 아니다. 자원의 가치는 경제성이 가장 중요하기 때문에 경제적으로 가치가 없다면 실제로는 자원이라고 할 수 없다.

자원이란 자연 중에서 인간에게 쓸모가 있고 기술적으로 이용할 수 있으며, 경제적으로도 가치가 있는 것이다. 그래서 모든 자원은 자연이지만, 모든 자연이 자원이 되는 것은 아니다.

석탄도 자연에서 자원이 된 것이다. 로마 시대에 석탄을 썼다는 기록이 있지만 석탄이 제대로 자원으로 쓰이기 시작한 것은 산업 혁명 때부터이다. 제철 산업에서 철을 녹이기 위해 나무를 때다가 삼림이 황폐해지자 나무 대신 석탄을 때기 시작하였다. 공업에 널리 이용되면서부터 석탄은 자연에서 기술적·경제적 의미의 자원으로 변하였다. 지금 중국을 움직이는 최대의 자원은 석탄이지만, 우리나라에서는 경제성이 떨어진 무연탄이 경제적 의미의 자원에서 멀어지고 있다. 이처럼 자원의 가치와 의미는 시대와 기술 발전, 사회 제도에 따라 변한다.

우리나라는 왜 지하자원이 부족할까?

편히 쉴 수 있는 집과 자동차가 달릴 도로를 만들어 주는 시멘트.

씻을 물을 데워 주고, 생활용품을 만드는 원료까지 뽑아 주는 석유와 석탄.

음식을 담을 수 있는 그릇을 주는 고령토, 철, 텅스텐.

결혼식 예물이 되어 주는 금, 다이아몬드, 루비, 사파이어.

오늘을 사는 우리들은 지하자원을 쓰지 않고는 단 하루도 생활해 나가기 어렵다. 그런데 지하자원은 나라마다 고르게 분포하지 않는다.

우리나라는 지하자원이 왜 부족한 것일까?

자원의 분포는 땅속 상태인 지질과 관계가 깊다. 우리나라는 약 30여 종의 다양한 지하자원이 있는 자원의 표본실로 불린다. 이는 약 25억 년 이전에 해당되는 시생대부터 오늘날의 신생대까지 다양한 지층이 있기 때문이다. 그러나 막상 파 보면 대부분 지하자원의 매장량이 적은 편이다. 풍부한 자원은 고작해야 석회석과 무연탄 정도이고, 금은 전

국토에 걸쳐 가장 고르게 분포하지만 생산량이 너무 적어서 대부분을 외국에서 수입해서 쓴다.

세계에는 크게 네 가지 유형의 국가가 있다. 첫째, 서부 유럽처럼 자원이 빈약하지만 기술 수준이 높아서 잘사는 나라. 둘째, 자원이 빈약한데 기술 수준도 낮아서 가난한 아프리카의 여러 나라. 셋째, 자원이 풍부한데도 기술 수준이 낮아서 아직까지는 경제적으로 어려운 브라질, 인도네시아 같은 나라. 마지막으로 자원도 풍부한데 기술 수준까지 높은 미국과 같은 나라가 있다.

우리나라는 서부 유럽처럼 자원이 부족하지만 이를 기술력으로 극복한 나라이다. 그래서 더욱 자랑스럽지만, 이왕이면 석유, 철광석, 구리, 천연가스 같은 지하자원이 많으면 좋겠지?

우리나라가 산유국이라고?

그 옛날 서남아시아의 사막에서 석유는 땅을 조금만 파면 나오는 흔한 것이었다. 게다가 사용하는 곳도 많지 않아 횃불을 밝히거나 물건을 붙이는 접착제 정도로밖에 쓰지 않았다. 그러던 것이 오늘날에는 세계에서 가장 귀한 몸이 되었다.

석유는 언제부터 인류에게 가장 중요한 지하자원이 되었을까?

1893년에 디젤 기관(내연 기관)이 발명된 뒤 석유를 연료로 하는 자동차가 만들어지고, 인간의 이동 능력은 슈퍼맨처럼 강해졌다. 인간은 보통 걸어서 1시간에 4km를 이동하는데, 자동차를 타게 되면서는 1시간에 수십 km를 이동할 수 있게 된 것이다. 그리고 제1차 세계대전을 계기로 석유는 경제적·군사적 중요성이 높아져 국제 정세를 좌지우지하는 중요한 자원이 되었다. 게다가 섬유, 화장품, 의약품, 플라스틱 따위 우리 생활 구석구석에 필요한 물건들을 만드는 원료로 쓰이면서 20세기를 대표하는 자원이 되었다. 21세기인 지금까지도 석유는 가장 중요한 자원이다.

> **• 습곡**
>
> 습곡이란 편평한 지층이 양옆에서 압력을 받아 굽어진 것이다. 불룩하게 솟아오른 부분을 배사, 오목한 부분을 향사라고 한다. 우리나라 동해의 일부가 신생대 제3기층 습곡에 해당한다.

　석유는 주로 신생대 제3기층의 습곡 배사부에서 발견된다. 그런데 우리나라는 신생대 제3기층이 거의 분포하지 않아서 석유가 매장되어 있을 가능성이 적고, 몇 군데 파 보았지만 모두 실패하였다.

　그런데 우리나라도 희망이 생겼다. 동남아시아의 베트남이나 중동의 예멘 같은 석유 자원이 풍부한 나라와 계약을 맺어 그곳의 석유를 캐 주고 일정량을 국내로 들여와서 쓸 수 있게 된 것이다. 우리 영토에서 나는 것은 아니지만 우리의 기술로 생산하여 우리가 쓰고 있으니 우리나라도 산유국이라고 할 수 있다.

한편, 우리나라는 실제로 95번째 산유국이기도 하다. 2004년부터는 동해에서 천연가스와 석유를 생산하여 이미 생활에서 쓰고 있다. 현재 천연가스와 석유가 생산되고 있는 곳은 울산 앞바다, 울산에서 남동쪽으로 58km 떨어진 바닷속 울릉 분지 내에 있는 동해 가스전이다. 천연가스와 석유는 함께 매장되어 있는 경우가 많은데, 매장량에 따라 석유가 많으면 유전, 천연가스가 많으면 가스전이라고 부른다.

동해 가스전에서 생산된 천연가스와 석유는 해저 배관을 통해 주로 울산에서 사용되고 있다. 처음에는 하루 천연가스 1천 t, 석유 1200배럴 생산으로 하루 34만 가구에 천연가스를 공급하고, 하루 2만 대의 자동차에 원유를 공급할 수 있는 양이었다. 하지만 생산량이 줄어들어 2022년부터는 생산이 어려울 것이라 한다. 이에 따라 새로운 매장지를 찾고 있는 중이다.

핵무기만큼 무서운 무기가 또 있다?

1930년대 페르시아만을 중심으로 하는 서남아시아 지역에 석유가 많다는 사실이 세계에 알려지면서 그곳은 '버려진 땅'에서 '축복받은 땅'으로 변하였다. 특히 서남아시아의 유전은 땅을 조금만 파도 석유가 나오는 노천광이 많아서 개발 비용이 저렴하고 매장량은 풍부하여 경제성이 높았기 때문에 미국, 영국, 프랑스를 비롯한 선진국의 석유 회사들이 앞다퉈 진출하였다. GM, 모빌, 하빌, 포드 등 이름만 들어도 알 만한 기업들이 유전을 독차지하여 생산량과 가격을 결정하였다.

하지만 1960년 가을, 서남아시아 지역의 사우디아라비아, 이란, 이라크, 알제리, 쿠웨이트, 카타르, 아랍에미리트, 아프리카의 나이지리아, 리비아, 가봉, 아시아의 인도네시아같이 석유가 많은 나라의 대표들이 모여 "이제부터 우리가 석유의 생산량을 정하고 석유의 가격도 정하자."며 석유수출국기구(OPEC)를 만들었다.

1973년에 배럴(가로 1m×세로 1m인 통)당 3달러이던 석유 가격이 갑자기 12달러까지 올랐다. 이것이 바로 중동 전쟁으로 시작된 1차 석유 파동(1973~1974년)이다. "이스라엘이 아랍 점령지에서 철수하고 팔레스타인의 권리가 회복될 때까지 매달 원유 생산을 전달에 비해 5%씩 감산한다."는 OPEC의 발표에 석유 가격이 폭등한 것이다. OPEC의 이런 선언은 자원이 위협적인 무기가 될 수 있다는 것을 세상에 알렸다.

1978년에는 2차 석유 파동(1978~1980년)이 일어나 배럴당 40달러까지 올랐다. 이 같은 석유 파동이 있을 때마다 석유를 수입해서 쓰는 나라들의 무역 적자는 눈덩이처럼 불어났고, 물가도 선진국에서는 평균 10% 정도, 개발도상국에서는 평균 32%나 뛰어올랐다.

이처럼 특정 지역에만 분포하는 자원을 가지고 생산량을 줄이고 가격을 높여 수입국들에게 엄청난 피해를 주면서 막대한 돈을 버는 것을 '자원 민족주의'라고 한다. 다시 말해 자원을 무기화하는 것이다.

1970년대 우리나라의 농촌에서는 나무를 연료로 많이 썼지만, 도시에서는 석탄과 석유를 많이 쓰고 있었다. 특히 1970년대는 석유를 많이 쓰는 중화학 공업을 집중적으로 육성하던 때라 2차 석유 파동의 충격은 더욱 컸다.

그 뒤 우리나라도 석유 개발에 적극적으로 뛰어들어, 주변 바다를 여러 개의 광구로 나누어 열심히 파 보았지만 헛수고였고, 2000년대 들어 울산 앞바다에서 처음으로 성공한 것이다. 역시 석유는 아무 데나 있는 흔한 자원이 아니었다.

우리나라를 움직이는 주요 에너지는?

세계의 에너지 소비 구조는 석유 > 석탄 > 천연가스 > 원자력 > 수력 차례이고, 우리나라의 에너지 소비 구조는 석유 > 석탄 > 원자력 > 천연가스 > 수력 차례이다. 세계는 모두 석유와 석탄을 주요 에너지로 이용하고 있다.

우리나라의 에너지 소비 구조에서 석유의 소비가 가장 많은 것은 공장과 자동차에 쓰이는 주원료와 연료가 석유이기 때문이고, 석탄의 소비가 많은 것은 화력 발전에 많이 쓰이기 때문이다. 화력 발전은 주로 석탄을 태워서 그 열로 물을 끓이고, 이때 발생하는 증기로 터빈을 돌려서 전기를 일으킨다. 최근에는 화력 발전소가 중국의 대기 오염 물질과 함께 미세 먼지의 주범으로 알려져 국민들의 눈총을 받고 있다. 하지만 우리나라의 발전 과정에서 화력 발전소의 영향은 매우 컸다.

1948년 대한민국 수립 이후 남한은 북한에 비해 전력이 턱없이 부족했다. 수력은 자연 조건이 불리하고 원자력은 기술력이 없었으며, 무엇보다도 나라가 매우 가난했다. 따라서 발전소 건설 기간이 짧고 건설비가 싼 화력 발전이 전력의 중심을 차지하게 되었다.

화력 발전소는 발전소만 지으면 되기 때문에 송전 비용을 줄일 수 있는 대도시나 공업 단지 가까이에 많이 들어선다. 실제로 우리나라의 화력 발전소 분포를 보면 수도권과 남동 연안 지역같이 전력 소비가 많은 지역이거나 그 가까이에 집중해 있다. 그런데 우리나라의 화력 발전소 위치를 보면 또 하나의 특징이 있다. 서울과 영월을 빼면 화력 발전소가 모두 바닷가에 있는데, 그것은 화력에 쓰이는 주원료인 석탄(역청탄)을 수입에 의존하기 때문이다.

세계적으로는 석유, 석탄 다음으로 천연가스를 많이 쓰지만 우리나라는 원자력을 많이 쓴다. 원자력 발전도 증기의 힘으로 터빈을 돌려서 발전기에서 전기를 일으키는 방식으로 에너지를 얻는다. 1970년대 석유 파동을 겪은 뒤 대체 에너지의 필요성을 절실히 느끼면서 원자력 발전으로 눈을 돌리게 됐다. 원자력 발전은 높은 수준의 기술력이 필요하고 발전소를 건설하는 데 비용이 많이 들지만 적은 양의 우라늄으로 많은 양의 에너지를 얻을 수 있다는 것이 매력적이었다.

원자력 발전소는 핵 발전을 통해 전력을 생산하는 과정에서 많은 열이 발생하기 때문에 이 열을 식힐 수 있는 냉각수가 필요하다. 그래서 지각이 단단하면서도 냉각수를 충분히 얻을 수 있는 바닷가나 호숫가에 주로 세

고리 원자력 발전소 우리나라 최초의 원자력 발전소이다.

워졌다. 우리나라에서는 1978년에 고리 원자력 발전소를 처음으로 건설하여 전력을 공급하기 시작한 후 영광, 울진 등 총 24기(2018년 현재)의 원자력 발전소를 운영하고 있다. 원전 가동 첫해 발전량은 2324GWh으로 전체 발전량의 7.4%에 불과했지만, 2018년도에는 발전 비중이 23.4%로 늘었다.

하지만 원자력 발전은 방사선 폐기물 처리가 어렵고 방사능 유출과 같은 치명적인 사고 위험이 있다. 1986년에 소련의 체르노빌 원자력 발전소 폭발 사고로 그 피해자와 가족들은 지금도 고통을 받고 있으며, 그것은 1980년대 말 소련이 붕괴하는 데에도 영향을 미쳤다. 그뿐만이 아니다. 2011년 일본의 후쿠시마 원전 사고로 후쿠시마 주민들은 삶의 터전을 잃었고, 세계 여러 나라들이 일본산 수산물을 꺼려하고 있다.

또 원자력 발전 과정에서 생겨나는 뜨거워진 냉각수가 주변의 하천이나 바다를 덥혀서 생태계에 악영향을 준다. 원료인 우라늄도 무한정

쓸 수 있는 자원은 아니다. 그러므로 원자력 에너지도 석유, 석탄처럼 결국은 사라질 에너지이다. 미래의 대체 에너지는 위험하거나 고갈되지 않아야 한다.

'대체 에너지', 그 마르지 않는 샘은 어디 있을까?

나라 이름은 '얼음의 땅'인데 실제로는 푸른 초원을 볼 수 있는 나라가 있다. 바로 아이슬란드이다. 우리에게는 좀 낯선 나라지만, 세계적인 지열 국가로 유명하다. 해양 지각이 갈라지는 곳 위에 위치한 이 나라는 10년에 두 번꼴로 큰 화산 활동이 일어나서 지금도 지도가 바뀌고 있다고 한다. 이 나라는 사람들이 재앙으로 여기는 뜨거운 마그마와 지열을 이용하여 전체 에너지의 약 40% 정도를 해결하고 있다. 땅속의 뜨거운 열을 파이프를 사용하여 마을로 끌어와서 물도 데우고 난방도 한다. 게다가 살아 있는 화산 지형은 관광지로 개발하여 많은 소득을 올리고 있다. 이쯤 얘기하면 뭐 떠오르는 것이 없는가?

혹시 미래에 과학자를 꿈꾸는 학생이 있다면 노벨상을 받을 수 있는 좋은 아이디어가 있다. 바로 에너지에 관한

아이슬란드의 지열 발전소

것인데, 아무리 많이 써도 사라지지 않고, 환경에는 악영향을 주지 않으며, 값도 싸서 많은 사람들이 쓸 수 있는 그런 에너지를 개발하면 노벨상은 따 놓은 당상이다. 예를 들어, 세상에 널린 돌덩어리나 공기를 이용해서 막대한 에너지를 얻을 수 있다면 어떨까?

이제 우리나라처럼 화석 연료는 부족하고 에너지 소비량은 많은 나라는 '대체 에너지', 곧 마르지 않는 샘을 파야 한다. 그렇다면 이미 개발되었거나 현재 개발 중인 대체 에너지에는 어떤 것이 있을까?

우리나라는 조수 간만의 차를 이용한 조력 발전과 빠른 조류를 이용한 조류 발전을 준비하고 있으며, 강한 바람을 이용한 풍력 발전, 강한 햇볕을 이용한 태양열 발전은 이미 돌리고 있다. 태양열 발전은 주로 외딴섬에서 소규모 태양열 발전소를 건설하여 난방용으로 이용하고 있으며, 풍력 발전은 제주도, 대관령, 서해안 쪽에서 개발되어 전력을 공급하고 있다. 그리고 2009년에 완공된 세계 최대 규모의 시화호 조력 발전소는 전력 생산량이 소양강댐 전력의 1.5배에 달한다. 이는 연간 50만 명이 사용할 수 있는 양이다.

신재생 에너지와 같은 대체 에너지 개발은 세계적인 추세이다. 전 세계의 신재생 에너지에 대한 투자는 지난 10년간(2010~2019년) 약 3100조 원에 달하며 특히, 태양 에너지에 많이 투자됐다. 재생 에너지는 전 세계 전력 생산의 12.9%를 차지하며(2018년), 이로 인해 이산화탄소 배출량이 20억 t(톤) 줄어들었다. 2018년 전 세계 전력 생산 과정에서 137억 t의 이산화탄소가 배출된 것을 감안하면 적은 양은 아니다. 그만큼 지구가 안전해진 것이다.

한편, 재생 에너지의 약점으로 지적되어 온 생산 비용도 급격히 감소하고 있다. 재생 에너지는 시설비가 많이 들기 때문에 효율성이 떨어진다는 지적을 받아 왔다. 하지만 전력 생산 비용이 점차 줄어들어 2009년 이후 태양광 발전은 81%, 풍력은 46% 감소했다. 머지않아 대체 에너지란 이름이 주요 에너지로 바뀔 것 같은 예감이 든다.

● **대체 에너지란?**
우리나라는 대체 에너지를 석유·석탄·원자력·천연가스가 아닌 11개 분야의 에너지로 규정하고 있다. 11개 분야는 크게 나누어 연료 전지·석탄액화가스화·수소 에너지 따위 신(新)에너지 3개 분야와 태양열·태양광 발전·바이오매스·풍력·소수력·지열·해양 에너지·폐기물 에너지 따위 재생 에너지 8개 분야이다.

북한에는 정말 자원이 풍부할까?

남북한이 통일되면 남한의 자본과 기술력, 북한의 자원이 결합하여 엄청난 효과가 있을 거라고 한다. 북미 대화를 이어가던 트럼프 전 미국

대통령조차 입만 열면 북한은 엄청난 잠재력을 가진 나라라거나 북한에는 자원이 많다는 말을 했다.

하지만 아직까지는 북한의 자원을 확인할 수 없다. 따라서 북한에서 주장하고 있는 내용을 사실로 받아들일 수밖에 없다. 북한에는 금, 동, 아연 등 일반 천연자원은 물론 4차 산업 혁명을 추진하는 데 필수적인 마그네사이트, 몰리브덴 등 각종 희귀 광물이 많다고 한다. 특히, 희토류 같은 희귀 광물의 매장량은 중국 못지않다고 주장하고 있다.

자원이 경제이고 무기인 세계에서 남한에서 사용되는 자원의 절반만 북한에서 조달해도 연간 약 155억 달러의 수입 대체 효과가 있다고 한다. 한 예로, 산업의 쌀로 불리는 철을 수입하는 데 약 232억 달러(7500만/2018년)를 썼다. 그런데 북한은 철 매장량이 약 50억 t이란다. 돈으로 환산하면 8775억 달러이다.

비단 비용만 적게 드는 이득이 있는 게 아니다. 만약, 철광석 가격이 폭등하면 우리나라의 경제 또한 요동치게 마련이다. 그런데 북한에서 안정적으로 철을 들여올 수 있다면 경제 심리 안정에도 큰 보탬이 될 것이다.

그럼, 북한의 자원 생산 현실은 어떨까? 현재 북한은 지하자원 매장량이 풍부하지만 이를 캐내는 기술과 장비가 낙후되어 있고, 광산 시설 투자 역시 턱없이 부족한 실정이다. 그래서 2000년대 이후 오히려 자원 생산량이 계속 감소 추세를 보이고 있다고 한다.

그러니 남한과 힘을 합쳐 자원 개발에 박차를 가하면 북한 또한 이익이 될 것이다. 그러기 위해서는 북한의 법과 제도를 손질할 필요가 있

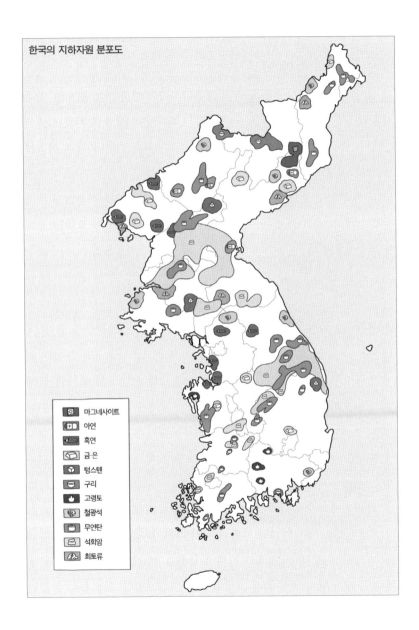

한국의 지하자원 분포도

마그네사이트
아연
흑연
금·은
텅스텐
구리
고령토
철광석
무연탄
석회암
희토류

다. 북한 법은 광물 자원을 국가 소유로 규정하고 있고, 품질이 좋은 것만 캐는 것은 금지하고 있다.

또 북한은 중국에게는 합영 투자를 허락면서도 남한에게는 합작 투자를 요구하고 있다. 합작 투자란 경영은 허락하지 않고, 투자만 하라는 말이다. 즉, 광산 운영은 북한이 하겠다는 뜻이다. 그러니 남한 기업이 투자하도록 하려면 이런 상황이 바뀌어야 한다.

흔히 북한이 누구도 들어갈 수 없는 곳이라고 생각하지만 그건 우리의 착각이다. 2019년 현재, 북한 자원 개발에 약 40개의 외국 기업이 투자 계약을 마쳤다.

우리나라는 자원 외교가 왜 중요할까?

우리나라는 에너지의 96%, 광물 자원의 90% 이상을 해외에서 사오는 세계 4위 자원 수입국이다. 1970년대 정부가 해외 자원 개발에 참여하면서 국가 차원의 자원 외교가 시작되었다. 자원 외교는 국내 기업이 필요한 자원을 해외에서 개발할 수 있도록 국가가 외교를 펼치는 것이다. 현재 우리나라는 전 세계와 자원 외교를 펼치고 있으며 아프리카·라틴아메리카·아시아 등에서 자원 개발에 참여하고 있다.

오늘날에는 미사일보다 자원이 무서운 무기다. 2010년 중국 어선이 센카쿠 열도(중국 명은 다오위다오) 주변에서 고기를 잡다가 일본 측에 나포되자, 화가 난 중국은 즉각 희토류 수출을 금지했다. 희토류는 반도체 생산의 필수 자원으로 현재 세계 생산량의 90%를 중국이 차지한다. 그러니 전 세계 희토류의 60%를 소비하는 일본에게는 엄청난 재앙이었다. 일본은 즉각 중국에 공개 사과하고 일을 마무리하였다. 2019년에도 중국은 희토류를 무기로 미국의 무역 보복에 맞서기도 했다.

이런 상황은 남의 이야기가 아니다. 세계 어딘가에서 전쟁이나 분쟁 등이 발생하면 우리나라 자원 수입에 빨간불이 들어온다. 예를 들어 이란, 이라크, 사우디아라비아 등 서남아시아 국가에서 무슨 일이 생기면 우리나라 주식 시장은 오르락내리락 롤러코스터를 타고, 주유소의 기름값은 폭등한다.

자원 개발을 위한 우리 기업의 기술력이나 경험은 세계적인 메이저 기업이나 거대 국영 기업과 경쟁하기에는 부족한 편이다. 그래서 우리나라는 자원 외교를 통한 자원 확보가 더욱 절실하다. 우선 정상 간 자원 외교, 각종 자원 협력 위원회, 해외 공관 등을 통해 신뢰를 쌓고, 우리 기업들이 유리한 조건으로 개발 사업에 참여할 수 있게 환경을 조성하는 일이 중요하다.

최근에는 석유뿐 아니라 반도체와 같은 첨단 제품 생산의 비중이 높아지면서 희유금속의 필요성이 더욱 커졌다. 희유금속은 4차 산업 시대의 필수 광물 자원으로 불리는 리튬, 니켈, 코발트, 망간, 텅스텐 같은 자원이다. 자원 전쟁은 끝나지 않았다. 아니 더 과열될 것 같다. 그래서 자원 외교는 우리 경제가 외부 충격을 막을 수 있는 두꺼운 보호벽을 만드는 일이다.

1980년대 말, 밤 10시에 서울의 용산역에서 비둘기호 기차를 타면
무려 10시간을 달려 아침 8시에 전라남도 광주역에 도착했다.
그리고 비둘기호보다 시설이 좀 더 낫고 더 빨리 달리는 통일호 열차,
가장 시설이 좋고 가장 빨리 달리는 새마을호 열차가 있었다.
한편 통일호와 새마을호 열차 사이에는 무궁화호 열차가 있었다.

비둘기호와 통일호가 없어지고, 고속 열차(KTX)가 전국을 반나절
생활권으로 만든 지금, 가끔 무궁화호 열차를 타면 과거로 되돌아간 듯하다.
증기 기관으로 달리던 칙칙폭폭 열차 소리가 들려오는 것 같은 느낌도 든다.

'교통과 통신 이야기'에서는 이보다 훨씬 더 오래전의 교통 이야기부터
시작하여 교통이 사회 변화에 어떤 영향을 주었는지 알아본다.
그리고 통일 시대를 준비하며 남북 간의 교통로가 이어질 경우에 한반도에
어떤 변화가 생길지에 대해서도 알아본다. 또한 '스마트 세대'란
말이 생길 정도로 현 사회 변화를 주도하고 있는 통신의 변화를 통해
미래의 사회적, 경제적 변화를 예측해 본다.

⑩ 교통과 통신 이야기

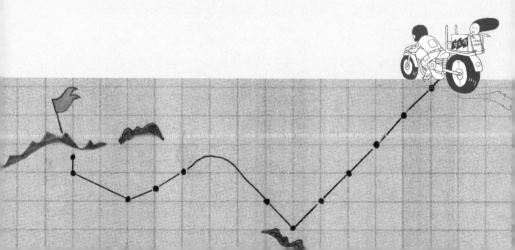

지금은 조선 시대보다 얼마나 빨라진 걸까?

북쪽의 함경도 최북단에 있는 온성군에서 남쪽의 전라남도 해남의 땅끝마을까지는 약 1100km, 조선 시대에 이 거리를 걸어서 갔다면 아마 두 달은 걸렸을 것이다. 하지만 교통수단이 발달하면서 1100km를 자동차로 가면 10시간, 고속 열차로 달리면 4시간, 비행기로 가면 1시간이 걸리게 되었다. 최대 700배나 빨리 갈 수 있게 된 것이다.

교통의 발달은 단순하게 시간 거리만을 줄인 것이 아니라 인간의 생활도 통째로 바꿔, 현대인들은 1만 km가 넘는 유럽과 미국도 하루 이틀에 왔다 갔다 한다.

옛날 사람들 대부분은 평생을 자기 마을에서 12km 이상 벗어나지 않고 살았다고 한다. 대부분 마을에서 농사를 짓고 살았기 때문에 장사를 하는 '장돌뱅이'나 이리저리 돌아다니지, 나머지 사람들은 돌아다닐 필요가 없었다. 그래서 교통이 매우 불편한 게 사실이었지만 대부분의 사람들은 교통이 불편한 줄도 잘 몰랐을 것이다.

조선 시대까지는 지금같이 번듯하고 넓은 도로라고 할 만한 것이 별로 없었다. 그나마 있던 좁은 길도 국민들의 생활을 편리하게 하고 도움을 주기 위한 것이 아니라, 나라를 통치하고 전쟁에 대비하려고 만든 것이었다.

일제 강점기에는 조선 시대와는 다른 새로운 교통로를 갖추게 되었는데, 이름하여 신작로(新作路)와 철도이다. 신작로는 자동차가 다닐 수 있는 정도의 큰 길이며, 철도는 기존에 발달했던 도시보다는 대전, 신의

주, 익산, 광주(光州) 같은 새로운 중심지를 따라 건설되었다. 2019년 일본이 수출 규제를 통해 우리나라에 경제 전쟁을 선포하였다. 과거에 대한 반성이 없는 일본이 적반하장으로 경제 보복까지 하고 있는 것이다. 일본은 지금도 자기들이 우리를 지배했기 때문에 우리나라가 발전했다고 주장하고 있다. 우리나라 정치인 중에서도 그와 비슷한 말을 하는 사람들이 있다. 정말 어이가 없다.

모두가 알고 있지 않은가? 일제 강점기 당시 도로와 철도, 항구는 농산물을 포함한 우리 민족의 재산을 수탈하고 식민 지배를 효율적으로 하기 위한 것이었음을.

우리를 위한 우리나라의 교통로가 본격적으로 만들어지기 시작한 것은 해방 이후다. 1950년대에는 전쟁이 일어나 작전에 이용하려고 '군사 도로'가 만들어졌고, 1960년대에는 산업화가 진행되면서 도시와 자원 공급지, 생산 도시와 소비 도시를 잇는 '산업 도로'가 건설되었다. 1971년 서울에서 부산까지 417.4km, 왕복 4~8차선의 경부고속도로가 완공되면서 1970년대에는 전 국토가 일일 생활권이 되었다.

택시 요금, 기차 요금은 어떻게 결정될까?

자동차와 기차, 배, 비행기 중 무엇이 가장 비쌀까? 당연히 비행기다. 그럼 무엇이 가장 쌀까? 또 무엇이 가장 편리할까? 물건을 실어 나르는 데는 무엇이 가장 유리할까? 길고 짧은 건 재 봐야 안다는 말이 있지? 그럼 지금부터 한번 재 보자.

운송비는 '기종점 비용(기본요금)＋운반 거리 비용'으로 되어 있다. 우리가 알고 있는 택시·버스·지하철 요금은 모두 운반 거리 비용에 기종점 비용이 들어 있다. 택시를 탈 경우 요금이 0원부터 시작되지 않고 3800원(2021년 현재/서울 기준)부터 시작되는데, 이때 3800원이 택시 운송비의 기종점 비용이다. 이런 기종점 비용은 기차, 배에도 모두 적용되는데, 운송 수단이 크고 한번 움직이기가 어려운 것일수록 비싸다. 그러니까 자동차, 기차, 배 중에서는 배가 가장 비싸다. 그런데 운반 거리 비용은 오히려 그 반대이다. 운반 거리 비용은 배가 가장 싸다.

이런 운송비의 구조 때문에 거리에 따라 유리한 교통수단이 달라진다. 자동차는 기종점 비용이 싸기 때문에 단거리에 유리하지만 운반 거리 비용이 비싸서 먼 거리를 가면 매우 비싸진다. 반면, 배는 기본요금이 비싸기 때문에 짧은 거리에는 불리하지만 운반 거리 비용이 싸기 때문에 먼 거리를 가면 가장 싸게 먹힌다.

사람들이 교통수단으로 무엇을 이용할지 결정할 때는 운송비도 따지지만 다른 장단점도 따지게 된다. 예를 들어 지금 머리가 너무 아파서 급히 병원에 가야 할 사람이 있다면, 지하철역이나 기차역에 가서 열차를 기다리기보다는 집 앞에서 택시를 잡아타고 갈 것이다. 또 대도시는 교통 체증이 심해서 중요한 약속을 지키지 못하는 경우가 있는데, 이때 제시간에 출발하고 제시간에 도착하는 지하철을 이용한다면 비용도 적게 들고 신용 있는 사람이 될 것이다.

비행기는 기종점 비용이나 운반 거리 비용이 너무 비싸서 기차, 자동차, 배와 비교하기 어렵지만, 아주 먼 외국에 빠르게 갈 수 있기 때문에 비싸도 이용객이 많다. 또 반도체처럼 가볍고 비싼 물건은 항공으로 수송하기에 알맞기 때문에 일본에서는 반도체와 같은 첨단 제품 공장이 주로 공항이나 고속도로 주변에 들어선다.

파발마에서 인터넷까지

기원전 500년대에 페르시아(이란)에서 광대한 영토를 효율적으로 관리하기 위해 '역마 제도'가 생겨났다. 역마 제도는 수도를 중심으로 일정한 거리마다 말과 마부, 그리고 숙소를 두고 계주하여 편지를 운반하는 대규모 통신 제도였다. 우리도 조선 시대까지는 파발마가 열심히 달려가 문서를 전달하거나, 산꼭대기 봉수대에 연기를 피워 전쟁이나 내란을 알리는 통신 시설이 있었다.

19세기에 서양에서 전화기와 전기가 발명되면서 통신 시설이 빠르게 발달하기 시작하였다. 일찍이 조선 시대에 우편과 전화가 처음 등장했지만, 1970년대까지도 전화를 설치하는 비용이 매우 비쌌고 따라서 전화기를 소유한 집이 드물었다.

그때 시골에서는 전화기가 마을에 한 대밖에 없어서 마을의 누군가에게 전화가 오면 "에! 에! 나, 이장입니다. 길동이 아버지 서울에서 전화 왔으니 빨리 우리 집으로 오세요." 하며 확성기로 방송을 해서 전화를 바꿔 주었다. 그러다 1980년대 들어 설치 비용이 저렴해지면서 전화 보급이 차츰 늘어나 집집마다 전화기가 놓였다.

1990년대 우리나라는 세계적인 반도체 산업 국가로 발전하는 과정에 있었다. 그리고 이와 함께 이동 전화와 개인용 컴퓨터가 빠른 속도로 보급되었다. 지금은 세계와 안방이 초고속 인터넷으로 연결되었다. 연락을 주목적으로 했던 통신은 이제 상거래, 무역, 행정, 교육까지 담당하는 다목적 기능의 통신으로 바뀌었다.

요즘은 인터넷으로 물건을 사면 택배 서비스가 보통 다음 날에 물건을 집까지 가져다준다. 심지어 당일 구입한 물건을 당일 받는 서비스까지 나와 있다. 구입한 물건이 마음에 들지 않으면 반품도 되기 때문에 시장을 찾는 시간을 줄여서 다른 일을 하거나 쉴 수도 있다.

인터넷 시장은 대형 마트와는 비교도 안 될 만큼 다양한 물건이 있는 큰 시장으로, 같은 물건이라도 가격을 비교해 가며 가장 싼 가격으로 살 수 있다. 그래서 해마다 인터넷 쇼핑을 하는 사람들이 늘고 있다.

한편, 통신의 발달은 편리함과 함께 예상치 못했던 심각한 문제를 일으키기도 한다. 바로 옆에 있는

친구한테도 문자를 보내는가 하면, 가족끼리 외식을 하면서도 각자 핸드폰으로 게임을 하거나 웹툰, 기사 등을 읽느라 대화가 되지 않기도 한다. 또 어떤 사람은 핸드폰이 울리기만 기다리다 환청이나 헛진동 같은 것을 느끼는가 하면, 우울증에 걸리기도 한다. 결국 인간이 인터넷과 통신을 통제하지 못하는 중독 상태가 늘어나고, 현실과 가상 현실을 혼동하는 것과 같은 심각한 문제까지 나타나고 있다.

정기 시장은 왜 사라지는 걸까?

　요즘엔 원하는 것을 언제라도 살 수 있다. 집 앞에는 'OO슈퍼'라고 이름 붙인 구멍가게가 있고, 차를 타고 조금만 가면 '☆☆마트'라고 하는 대형 마트가 있고, 도심에 나가면 '□□백화점'이 있다. 그뿐인가? 동네 곳곳에 24시간 혹은 밤늦게까지 열려 있는 '△△편의점'이 있어 새벽 시간에도 소비자는 아쉬울 것이 없다.

　그러나 옛날에는 소비자가 원하는 물건을 바로바로 구입하기가 쉽지 않았다. 지금처럼 가는 곳마다 시장이나 가게가 있는 것이 아니라 5일이나 7일마다 정기 시장이 열렸고, 물건도 귀했다. 며칠 간격으로 날을 정해서 열리는 정기 시장은 15세기 후반부터 나타난 것으로 추정되며, 17세기 중엽 이후 15일장, 10일장이 점차 5일장으로 발달해 갔다. 당시의 시장은 물건만 사고파는 곳이 아니라 사람들이 정(情)을 나누고 이 동네 저 동네 소문이 교환되는 '정보의 바다'였다.

정기 시장 옛 정기 시장(위)과 전통의 맥을 잇고 있는 현대의 정기 시장(아래, 일산의 5일장)

조선 후기만 해도 이런 정기 시장이 전국 곳곳에 약 1500여 개 있었지만 지금은 거의 사라지고 매일 여는 시장인 상설 시장으로 변했다. 물론 옛날에도 날마다 여는 상설 시장이 있기는 했다. 사람이 많이 사는 도성 안에 열리는 '시전'이라는 시장이었다. 이런 곳으로는 한약재를 주로 거래하는 약령시(대구, 의주), 선전·면포전·지전·면주전·저포전·내외어물전으로 이뤄진 육의전('육주비전'이라고도 하며 서울 종로에 있었다)이라는 특수 시장이 있었다.

그런데 여기서 궁금한 점이 있다. 시장이 매일 열리면 지역 경제도 활성화되고, 소비자들도 편했을 텐데 왜 며칠 간격으로 열었을까? 그것은 교통이 불편하고, 소비 인구가 적었기 때문이다.

교통이 불편한 옛날에는 매일 시장을 열어도 사람들이 매일 갈 수가 없었다. 그때는 많은 사람들이 멀게는 30리, 50리까지 떨어진 곳에서도 걸어서 시장에 갔다. 어른 걸음으로 한 시간에 보통 4~5km를 간다고 할 때, 시장이 열리는 날이면 새벽같이 집을 나와서 장을 보고 집으로 돌아오면 오후가 되고, 온종일 걷거나 서 있었으니 다리도 아프고 몸도 피곤해서 다른 일을 하기도 힘들었다. 장날은 그렇게 하루가 다 갔다는 말이다.

옛날에 시장을 매일 열지 못한 이유가 또 있는데, 그것은 인구가 적고 가난했기 때문이다. 시장이 유지되려면 장사를 하는 사람들이 먹고 살 수 있을 만큼의 손님이 지속적으로 와서 물건을 사야 한다. 예를 들어 어떤 식당이 망하지 않으려면 하루에 100명의 손님이 들어야 한다고 할 때, 100명이라는 숫자는 식당이 유지되기 위한 '최소한의 손님(최소 요구치)'이다. 그런데 만약 하루에 손님이 70명 정도만 온다면 이 식당은 최소 요구치를 채우지 못하기 때문에 곧 망할 것이고, 150명이 온다면 최소 요구치를 채우고 남는 만큼 이익이 커져 돈을 많이 벌 것이다. 같은 원리로 그때는 인구가 적었고, 물건을 자주 사들일 만큼 돈이 없었기 때문에 시장을 매일 열어도 시장이 유지되기 위한 최소한의 손님 수를 채우기가 어려웠다. 그래서 며칠 간격으로 장날을 정해서 최소한의 손님 수를 채운 것이며, 상인들은 정해진 장날에 맞춰 장을 옮겨 다니며 장사를 했던 것이다. 소비자 입장에서는 5일장이지만 장사를 하는 상인의 처지에서는 매일 장이 열렸다는 말이다.

구멍가게들이 왜 문을 닫을까?

'2014년 통계 조사 결과'를 보면, '구멍가게'의 수는 2001년 말에 약 10만 7000곳에서 2014년 말에는 6만 9570곳으로, 하루 평균 일곱 개 꼴

로 사라졌다. 반면 대형 마트는 238곳에서 634곳으로 두 배 이상 급증했다. 또 편의점도 4116곳에서 26,874곳으로 자그마치 여섯 배 이상 늘어났다. 하루 평균 네 개 꼴로 문을 연 셈이다.

구멍가게가 사라진 이유를 보면 2010년 이전에는 대형 마트의 증가가 큰 영향을 주었고, 그 이후에는 구멍가게가 편의점으로 바뀌었기 때문인 것으로 보인다.

청·장년층을 중심으로 맞벌이 부부가 늘고 수입이 늘어나면서 자동차가 없는 집이 거의 없을 정도로 우리나라는 발전했다. 특히, 여자들의 사회 진출이 늘면서 한 번에 며칠 동안 필요한 먹을거리나 생활용품을 사는 경우가 많아졌다. 이런 사회적 변화에 맞춰 돈 많은 상인들이 대형 할인 마트를 세우기 시작했다. 소비자들은 집에서 멀더라도 차가 있으니 식료품은 물론 자동차 용품, 가구, 전자 제품 따위를 구입할 때 싸고 다양한 제품이 있는 대형 마트로 가서 장을 보는 새로운 쇼핑 습관이 생기게 되었다.

대형 할인 마트는 비교적 땅값이 싼 도시 외곽에 주로 들어서서 다양한 생활용품을 대량으로 싸게 판다. 그래서 구멍가게는 수가 많지만 대형 할인 마트와는 가격 경쟁에서 상대가 안 된다. 이렇다 보니 동네의 '○○슈퍼', '△△ 상점' 등인 구멍가게가 하나둘 문을 닫는다. 다시 말해 대형 할인 매장이 구멍가게의 상권을 장악한 것이다. 구멍가게와 함께 재래시장의 수도 줄어들고 있다. 요즘은 동네 재래시장에서 콩나물 한 봉지, 두부 한 모를 사는 주부가 예전만큼 많지 않다.

재래시장은 대형 마트에 비해 깔끔하지도 않고, 주차장도 없어서 불편하다. 하지만 어떤 재래시장은 새롭게 변신하여 위기를 극복하였다. 서울을 대표하는 동대문시장은 1990년대 중반 더 이상 살아남기가 어렵게 되자 '패션 디자인 밸리'로 전환하여 거듭난 후, 지금은 사람들로 북적댄다.

편의점 주인들은 왜 고통스러울까?

편의점은 밤 12시가 넘어도 문을 열고 먹을 것과 간단한 생필품을 파는 상점이다. 구멍가게와는 다르다. 보통 24시간 문을 열고 있는데 이를 보면 '도대체 장사가 얼마나 잘되면 밤새 문을 열까?' 하는 생각도 든다.

하지만 현실은 그렇지 않다. 앞에서도 얘기했듯이, 편의점은 2001년에서 2014년 사이 여섯 배 이상 늘었다. 우후죽순처럼 생겨나는 경쟁 편의점으로 인해 편의점 주인들은 어려움에 처해 있다. 현재 편의점 왕국으로 불리는 일본의 경우, 인구가 약 1억 3000만 명인데, 편의점이 약 5만 개이다. 그런데 우리나라는 인구 약 5200만 명에 약 4만 개의 편의점이 있다. 편의점 본사에서 무조건 가맹점을 늘린 결과이다. 최소한 이미 편의점이 있는 곳이라면 일정 거리만큼 떨어져서 새로운 편의점을 열도록 했어야 하는데 현실은 마주보고 있는 편의점도 많다. 편의점 주인들이 아무리 노력해도 최소 요구치를 채우지 못해 손해를 볼 수밖에 없는 구조에 놓여 있는 것이다. 진정한 편의점 왕국은 바로 대한민국이다.

문제는 또 있다. 현재 편의점들은 본사에서 물건을 사 와서 장사를 하는데, 물건값 외에도 약 35% 정도 로열티를 본사에 주고 있다. 로열티는 본사가 만든 상호를 이용하는 값, 본사가 만든 유통망을 이용하는 값으로 지불하는 돈이다. 로열티는 본사 입장에서는 좋은 소득이지만 편의점 주인 입장에서는 사업 시작부터 이익의 35%를 공제해 가는 것이기 때문에 상당한 부담이다.

이런 여러 가지 문제 때문에 편의점 주인들이 자살을 하는 일도 벌어졌다. 이에, 편의점 주인들의 수익을 적정선에서 유지할 수 있도록 도와주는 법(편의점 최저 수익 보장제)이 어느 국회의원에 의해 발의되었다. 예를 들어, 전 계약 기간 동안 24시간 영업을 하면 최저 소득 6000만 원을 보장한다는 것이다. 얼핏 들으면 좋은 것 같고, 편의점 주인에게 아주 유리한 것 같다. 또 그 정도로 일을 하면 연간 6000만 원 이상의 수익을 낼 확률도 적지 않으니 본사 입장에서도 그렇게 불리한 제도로만 보이지는 않는다.

하지만 편의점 최저 수익 보장제는 현재 국회에서 계류 중이다. 이 법에 대한 반대 목소리도 높기 때문이다. 날마다 24시간 영업을 한다는 것 자체도 쉽지 않은 일인 데다, 다른 사람의 수익을 또 다른 사람이 보전하게 하는 건 헌법에 어긋난다는 주장도 있다. 또 모든 가맹점에 쉽게 최저 수익을 보장해 준다면 우리나라에서는 가맹 사업을 하기 어려울 거라는 주장도 있다.

한편 일본을 보면 우리에게도 답은 있는 거 같다. 일본의 경우 80년대까지 우리나라 편의점 상황과 비슷했다. 그때 만들어진 게 바로 최저 소득 보장제다. 예를 들어, 세븐일레븐의 경우에는 15년을 계약하는데, 그중에 12년은 최저 소득을 보장해 준다고 한다.

한반도종단철도(TKR)가 완공되면 어떤 변화가 생길까?

2020년 현재, 한반도에서 철로가 이어지지 못한 구간은 경의선의 문산 ~봉동 간 20km, 경원선의 신탄리~평강 간 31km, 금강산선의 철원~기성 간 75km, 동해북부선의 온정~강릉 간 121km, 이렇게 4개 노선이다.

이 구간들이 연결되면 한반도종단철도(TKR)가 완성되고, 부산에서 출발한 기차가 한반도를 통과하여 중국횡단철도(TCR), 시베리아횡단철도(TSR), 몽골횡단철도(TMGR), 만주횡단철도(TMR)를 달려 유럽까지 갈 수 있게 된다.

이 중에서도 특히, 부산~원산~청진~라진~시베리아횡단철도를 연결하는 노선은 그 길이가 무려 1만 521km나 된다. 지구 한 바퀴가 약 4만 km인 것을 감안하면 대단한 거리다.

이런 교통의 변화가 우리의 삶에 어떤 변화를 가져올까? 많은 사람들이 정치·경제·사회 등 모든 면에서 큰 변화가 있을 거라고 예상한다. 우선 남북한 간의 관계가 좋아져 평화가 자리 잡는다면 육로가 열려 시간과 경제 비용이 절감될 것이고 그러면 남북한 간의 교역 또한 확대될 것이다. 그리고 이는 남북한의 경제 발전에 크게 이바지할 것으로 보인다.

한반도뿐 아니라 동북아시아 지역에도 큰 변화가 생길 것이다. 현재 한국, 중국, 일본에는 약 16억 명의 인구가 살고 있다. 그리고 동북아시아는 경제적으로도 21세기의 새로운 중심지로 떠오르는 곳이다. 한반도종단철도가 완성되면 이 세 나라의 문화 교류와 여행, 무역이 확대될 뿐 아니라 금융, 마케팅이나 정보 서비스 등이 하나로 이어지는 동북아시아 물류 시스템이 구축될 것이다.

한편, 서울을 중심으로 비행기로 3시간 이내에 인구가 100만 명 이상인 도시가 약 60개나 있다. 이 도시들이 한반도종단철도와 시베리아횡단철도, 중국횡단철도 등으로 연결된다면 인천이나 부산 같은 도시들이 국제 복합 운송의 중심지가 될 수 있다.

칭기즈 칸이 '성을 쌓는 자는 망하고, 길을 내는 자는 흥한다.'고 말했다고 한다. 정말 이런 말을 했는지는 모르지만 중국은 만리장성을 쌓아 스스로 갇혔고, 로마는 길을 뚫어 번영했다는 말도 있다. 인간은 석기 시대에도 길은 내어 식량을 구하고, 더 나은 삶을 찾아 필연적으로 이동하며 살아 왔다. 곧 한반도종단철도가 이어지고 분단의 역사를 마무리하고자 하는 우리 민족의 바람이 이루어지기를 희망한다.

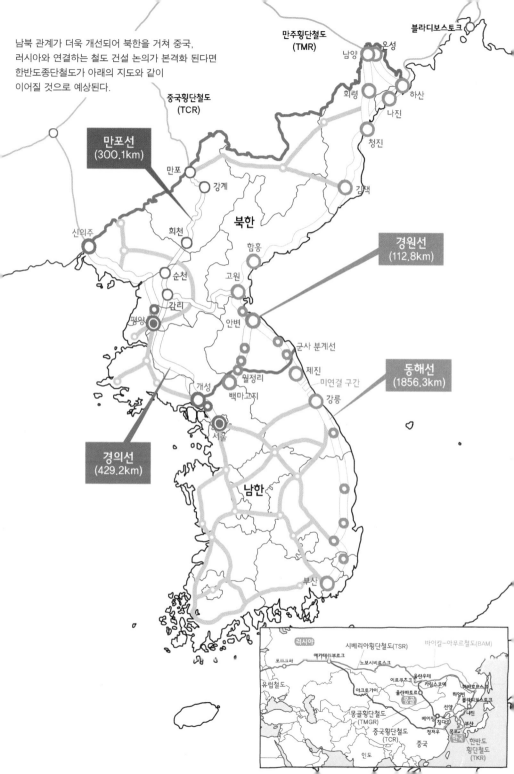

남북 관계가 더욱 개선되어 북한을 거쳐 중국,
러시아와 연결하는 철도 건설 논의가 본격화 된다면
한반도종단철도가 아래의 지도와 같이
이어질 것으로 예상된다.

만주횡단철도
(TMR)

블라디보스토크

중국횡단철도
(TCR)

온성
남양
회령
하산
나진
청진
김책

만포선
(300.1km)

만포
강계

북한

신의주
희천
함흥
고원
순천
간리
평양
안변

경원선
(112.8km)

군사 분계선
제진
미연결 구간

동해선
(1856.3km)

월정리
개성
백마고지
강릉

서울

경의선
(429.2km)

남한

부산

러시아
시베리아횡단철도(TSR)
바이칼-아무르철도(BAM)
토브크
에카테린부르크
노보시비르스크
유럽철도
이르쿠츠크
카림스코예
하바로프스크
아크토가이
울란우데
하얼빈
블라디보스토크
울란바토르
선양
나진
몽골횡단철도
(TMGR)
베이징
칭다오
정저우
부산
중국횡단철도
(TCR)
무포
목포
한반도
횡단철도
(TKR)
인도
중국

인구 이야기

인구 증가에 대해 두 가지 주장이 있었다. 하나는 인구는
노동력이니까 많이 낳을수록 좋다는 것이고 다른 하나는 인구가 자원을
소비하기 때문에 자원이 늘어나는 속도보다 인구가 더 빨리 증가하면
안 된다는 것이었다. 지금도 개발도상국에서는 늘어나는 인구가 문제이고,
선진국에서는 정체하거나 줄어드는 인구가 문제이니 참 오묘한 일이다.

영국의 한 방송사에서 21세기에는 아시아에 인구 8000만 명의
강대국 통일 한국이 출현할 것이라고 하였다. 기분 좋은 말이긴 한데,
정말 인구가 8000만 명이 되면 지금보다 강대국이 될 수 있을까?

꼭 그러리라 확신할 순 없다. 베트남, 필리핀, 인도네시아 등은 인구가
그 이상인데도 강대국이 아니니 말이다. 한편 중국이나 인도를 보면
인구가 나라의 힘을 키우는 중요한 요인이라는 게 사실인 것 같기도 하다.
우리나라는 단순히 인구만 는 것이 아니라 경제적으로도 발전하였기에
강대국 통일 한국 이야기가 나온 것이다.

'인구 이야기'에서는 우리나라의 인구 수, 인구 이동, 외국인 노동자,
저출산 문제, 고령 사회, 난민 등에 대해 두루 이야기한다.
이 이야기를 통해 대한민국의 과거와 오늘을 이해할 수 있을 것이다.

예수님이 태어났을 때 세계 인구는 얼마였을까?

인구가 얼마인지를 조사하는 인구 총 조사를 '센서스(census)'라고 한다. 센서스는 라틴어의 '과세하다(censere)'라는 단어에서 나온 말이라고 한다. 인구가 많으면 세금을 많이 걷을 수 있으니 인구가 많은 게 국력이라고 생각했다고 한다.

지금과 같은 과학적인 인구 조사가 이루어진 것은 고작 약 200년 전인 1790년 미국의 제1회 센서스와 1801년 영국과 프랑스의 센서스가 처음이었다. 그러니까 2000년 전 인구를 정확히 안다는 것은 불가능하다.

많은 학자들이 추정하기를 지금으로부터 약 2000년 전 예수님이 태어났을 때 전 세계의 인구는 약 2억 5000만 명 정도였다고 한다. 2019년 현재 세계 인구가 약 74억 명이니까 2000년 동안 인구가 약 30배 증가한 것이다. 요즘 일부 선진국에서는 출산율이 감소해서 인구가 줄어들고 있다고 하는데도 전 세계 인구는 엄청나게 늘어난 것이다.

옛날에는 인위적으로 피임을 할 수가 없어서 아이가 생기면 다 낳았을 터이고 그래서 인구가 폭발적으로 증가했을 것 같지만, 실제로 인구는 거의 제자리에 머물러 있었다. 그 이유는 사람들이 많이 죽었기 때문이다. 태어난 아기가 무사히 살아서 어른이 되기 어려웠고, 아이를 낳다가 죽는 산모도 많았다. 또 지금은 아무것도 아닌 병이 그때는 목숨을 빼앗아 가는 무서운 병이었다. 게다가 전쟁과 무서운 전염병은 한순간에 많은 사람들의 목숨을 빼앗아 가서 어떤 기간에는 인구가 확 줄어들기도 했다. 그래서 인구는 오랜 시간 동안 매우 서서히 증가하였다. 산업 혁명이 시작되기 전인 1650년에 인구가 5억 명 정도였으니까, 2억 5000만의 인구가 두 배 증가하는 데 1650년이나 걸린 셈이다.

18세기에 진행된 산업 혁명은 기계를 이용해서 물건을 만드는 공장제 공업을 발달시켜 대량 생산과 대량 소비가 가능한 세상을 열었다. 한 사람이 하루에 한 벌도 못 만들던 옷을 기계는 하루에 수백, 수천 벌을 만들었다.

산업 혁명으로 기술이 발전하고 그와 더불어 농업 생산량도 늘었다. 그리하여 사람들의 영양 상태가 좋아지고, 현대 의학으로 질병을 관리하게 되면서 사망률이 급격히 줄어들었다. 이때부터 인구는 매우 빠른 속도로 증가하여, 1830년경에는 10억, 1930년경에는 20억, 1980년경에는 40억으로 늘어났다. 이렇게 인구가 두 배씩 늘어나는 데 걸린 시간이 1650년에서 180년, 다시 100년, 그리고 50년으로 줄어들었다. 현재 인구가 증가하는 속도는 400년 전과 비교하면 30배 이상 빠르다.

현재 인구 증가가 빠르게 진행되는 곳은 대부분 경제적으로 뒤떨어져 있는 개발도상국이다. 그중에서도 낙태를 금기시하는 가톨릭교와 이슬람교를 믿는 사람들의 숫자가 빠른 속도로 증가하고 있으며, 지역으로는 가톨릭교를 믿는 라틴아메리카와 이슬람교를 믿는 아시아와 아프리카 지역에서 인구 증가율이 높다.

세종대왕 때 우리나라의 인구는 얼마였을까?

세종대왕 때라면 지금으로부터 600년 전인 1400년대이다. 이때의 인구는 대략 550만~600만 명 정도였다고 한다. 우리나라도 그때 인구 증가가 매우 서서히 이루어졌고, 그 이유는 다른 나라와 비슷하였다.

그 후 인구는 증가와 감소를 반복하다가 1900년경에는 약 1300만 명에 이르렀다. 이때까지도 우리나라의 의학이나 과학 기술은 조선 전기인 세종대왕 때와 거의 비슷한 수준이었기 때문에 15세기의 인구가 두 배로 늘어나는 데는 500년이나 걸렸다.

1920년대부터 우리나라 인구가 빠른 속도로 증가하기 시작하였다. 그 이유는 조선 말기부터 들어온 서양의 보건 제도와 서양식 의료 때문이다. 전염병을 막기 위한 방역 사업과 많은 사람들의 목숨을 빼앗아 가는 천연두를 막기 위한 접종 사업이 전국적으로 이루어졌다.

또 일제 강점기에는 전입과 전출로 인구수에 큰 변화가 나타났는데, 많은 사람들이 일본과 만주로 원하지 않는 이동을 하였다. 일본으로 간 사람들은 해방된 뒤 많이 돌아왔지만 만주로 간 사람들은 거의 그곳에 정착하였다. 한편 1950~1953년 한국전쟁으로 많은 사람들이 죽었지만, 1955~1960년에는 인구 증가율이 3%를 넘는 출산 붐이 일어 아기들이 많이 태어났다. 이들이 바로 그 유명한 베이비 붐 세대이다.

20세기 초 산업화가 이루어지면서 인구가 빠르게 늘어나다 보니 1962년에는 처음으로 산아 제한 정책을 실시하게 되었고, 그 후 인구 증가율은 차츰 낮아졌다. 그렇게 해서 우리나라의 인구는 2000년 센서스에서 4599만 명, 2019년에는 약 5200만 명이고 인구 증가율은 1% 내외로 인구 증가가 거의 멈춘 상태이다.

앞으로 우리나라의 인구는 어떻게 변할까? 센서스는 10년마다 한 번씩 하기 때문에 우선 2020년이 지나면 정확한 통계로 우리나라의 인구 변화 양상을 알 수 있을 것이다.

옛날에는 지금보다 인구가 훨씬 적었는데 왜 그만 낳으라고 했을까?

1960년대 우리나라에는 "덮어놓고 낳다 보면 거지꼴 못 면한다."는 표어가 동네 전봇대나 담벼락에 붙어 있었다. 척 보면 '아기 많이 낳지 말라.'는 말인 줄 알 것이다. 도대체 당시 우리나라 인구가 얼마나 많았으면 그랬을까?

1960년대 우리나라(남한) 인구는 약 3000만 명이었다. 지금 우리나라 인구가 약 5200만 명인데 비하면 훨씬 적었지만, 그때는 한 집 당 아이들이 보통은 셋, 많은 집은 다섯, 여섯 정도였다. 어떤 집은 일고여덟 명이기도 했다.

아버지는 한 명의 자식도 먹여 살리기 힘들 정도로 소득이 적은데, 자식이 다섯 명이라면 어떨까? 자식들을 보면 귀엽고 행복하기도 했겠지만, 당장 먹일 것이 부족하고 학교 보내기도 힘든 상태였을 것이다. 그래서 정부에서는 인구 증가율을 낮추는 것이 국가 발전에 도움이 된다고 판단하여 아이를 적게 낳으라고 홍보했다. "딸 아들 구별 말고 둘만

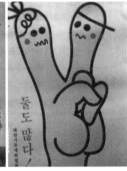

우리나라의 가족계획 포스터

낳아 잘 기르자." 그러다가 나중에는 "아들 딸 구별 말고 하나만 낳아 잘 기르자." 거나 "잘 키운 딸 하나 열 아들 안 부럽다."라는 말도 나왔다.

그런데 교육을 중시하는 우리나라 국민들은 정말 학습이 잘되었다. 그래서 짧은 시간에 많은 국민들이 '둘 정도를 낳는 것이 알맞다.'고 판단하고 그렇게 실천하였다. 세계적으로도 우리나라처럼 산아 제한 정책이 무리 없이 성공한 나라가 거의 없다.

중국은 2017년 이전 두 자녀 이상을 가진 부모에게 좋은 땅이나 좋은 일자리를 주지 않을 정도로 강력한 산아 제한 정책을 폈다. 사회주의 국가여서 모든 땅이 나라의 것이기 때문에 그렇게 할 수 있었다. 그런데도 아들을 낳아야 한다는 남아 선호 사상이 깊은 중국 사람들은 아들을 낳을 때까지 계속 아이를 낳으려고 했다. 어떤 집은 아내가 임신을 하면 먼 곳으로 가서 아이를 낳은 뒤 딸이면 버리기도 했다. 그 때문에 중국에서는 호적이 없는 아이들이 생겨나고, 이로 인해 여러 가지 사회 문제가 발생하였다. 중국은 결국 강력한 산아 제한 정책을 포기했다. 계산을 해 보니 2030년 이후에는 인구가 감소한다는 답이 나왔기 때문이다. 현재 중국의 체력을 유지하기 위해서는 인구 감소를 막아야 했기에 한 자녀 산아 제한 정책을 포기한 것이다.

한편 인도는 더 어려운 상황이다. 정부가 포스터를 만들어서 국민들에게 홍보를 하지만, 많은 사람들이 글자를 몰라 홍보 효과가 별로 없다. 게다가 인도도 남아 선호 사상이 강하고 살생을 금기시하기 때문에 중국보다 훨씬 빠른 속도로 인구가 증가하고 있다. 2030년이 되면 세계 최대 인구 국가는 인도가 될 것이고, 다음은 중국, 그다음은 이슬람 국가인 인도네시아가 될 것이라고 예측한다.

지금은 인구가 많은데 왜 더 낳으라고 할까?

아침이면 지하철에서 많은 사람들과 부딪치며 '모두가 참 바쁘게 사는구나.' 하는 생각이 든다. 학교에서 밤 10시까지 자율 학습을 하고도 집으로 가지 않고, 다시 학원 차를 타고 가는 학생들을 보면 열심히 한다는 생각보다는 불쌍하다는 생각이 먼저 든다.

좁은 국토에 너무 많은 사람들이 살고 있어서 그런 걸까? 그런 줄 알았는데 1990년대 중반 이후 산아 제한 정책을 폐지하고 아이들을 더 낳으라고 홍보하는 것을 보면, 인구가 많아서 경쟁이 치열한 것만은 아니라는 것을 알게 된다. 오히려 대부분의 학생들이 자신의 소질과 적성을 무시한 채 특정 대학과 특정 직업만을 지향하는 현상, 다시 말해 아주 많은 사람들이 저마다 자기만이 꾼은 꾸지 못하고 같은 꿈을 꿔야 하는 아주 이상한 현상 때문이 아닐까?

지금 우리나라의 인구는 약 5200만 명으로 늘었지만 국토 면적은 1960년대와 크게 다르지 않다. 그런데 왜 더 낳으라고 할까?

인구는 곧 일을 하는 노동력이고, 지금 우리나라의 경제 규모가 세계에서 열한 번째인데, 이 큰 경제를 유지하면서 발전시키기 위해서는 적어도 지금 정도의 노동 인구가 필요하기 때문이다. 그리고 소득이 늘어 더 많은 자식을 부양할 능력이 되기 때문이다.

인구는 정말 중요하다. 인구는 영토, 주권과 함께 국가를 이루는 3대 기본 요소이며, 물건을 만드는 생산자이자 그 물건을 사서 쓰는 소비자이다. 그래서 제2차 세계대전 때 이탈리아의 무솔리니는 "국민 여러분, 세계를 지배하기 위해서는 4000만 인구로는 부족합니다. 그러니 힘닿는 데까지 더 낳아 주세요!" 하며 국민들에게 요구한 것이다.

그래서인지 요즘 우리나라에서는 이런 말이 유행이다. '아이를 셋 낳으면 애국'이라고.

우리나라는 실업자가 많은데 왜 외국인 노동자가 자꾸 늘어날까?

우리나라는 요즘 실업자가 많아서 난리이다. '실업자'란 일할 수 있는데 일자리가 없어서 일하지 않는 사람과 일하기 싫어서 쉬고 있는 사

람을 말한다. 경제 활동 인구 중 실업자가
차지하는 비중을 '실업률'이라고 한다.

    그런데 나라가 잘살게 되면서 이상한
일이 생기고 있다. 텔레비전을 보면 젊
은 사람들이 일자리가 없어서 취업이 안
된다고 하는데, 외국 사람들은 일자리를
찾아 우리나라로 모여든다. 왜 이런 일
이 벌어질까?

    우리나라의 실업 문제는 이중적이다. 대학을 나온 사람들은 단순한
기술을 가지고 물건을 만드는 단순 노동은 안 하려고 한다. 특히 가구
공장, 염색 공장, 봉제 공장같이 힘들고, 위험하고, 더럽다는 3D 업종은
월급도 적어서 그런 일은 더욱 안 하려고 한다. 반면 대기업, 공무원 같
은 직업은 폼 나게 양복 입고 일하고, 월급도 많아서 대부분의 사람들이
그런 일을 하기 원한다. 그러다 보니 이런 직업들은 입사 경쟁률이
100:1이 되기도 한다. 이런 현상이 우리나라에만 나타나는 것은 아니
다. 이미 선진국들이 경험했거나 지금도 겪고 있는 현상이다.

    지금 우리나라의 작은 공장에는 일할 사람이 없다. 사장들은 말도
잘 통하고 일도 잘하는 우리나라 사람을 쓰고 싶지만, 우리나라 사람들
은 월급이 너무 적고 힘드니까 작은 공장에서 일하기를 꺼린다. 그런데
인도네시아, 베트남, 캄보디아 같은 나라의 노동자들은 우리나라 사람
들보다 적은 돈을 줘도 열심히 일하고 오래 일하고 싶어 한다.

    우리나라 사람들도 100년 전에 돈을 벌기 위해 이민을 갔다. 우리나

우리나라의 외국인 거리

라 최초의 계약 이민은 1903년 하와이 사탕수수 밭에 일하러 간 100여
명의 노동자들이었다. 그들은 흑인 노예와 같은 일을 하고, 노예와 같은
취급을 당했다.

　　돈을 벌기 위한 이주는 그 뒤에도 계속되어 1960~1970년대에는 연
간 6만 명 정도가 돈을 벌기 위해서 독일, 사우디아라비아, 미국으로 갔
다. 독일로 간 사람들 중 남자들은 주로 탄광에서, 여자들은 주로 간호
보조사로 일했고, 미국으로 간 사람들도 식당, 닭 공장, 식료품 가게 같
은 데서 일했다. 이들은 당시 우리나라에서 일하는 것보다 더 많은 임
금을 받았기 때문에 모든 서러움과 힘겨움을 참아 가며 일을 했다. 지
금 미국에 사는 교포들 중 많은 사람들이 그때 그 사람들과 그의 가족들
이다.

　　우리나라의 거리에서 외국인 노동자를 만난다면 그들의 모습이 바
로 수십 년 전 우리의 모습이라는 것을 떠올려 보자.

인구는 어떤 문제를 일으킬까?

인구 문제는 왜 일어날까? 맬서스는 "인구가 증가하는 속도가 식량이 늘어나는 속도보다 빠르기 때문에 인구 문제가 발생한다."고 하였다. 다시 말해 식량 자원은 1, 2, 3, 4, …처럼 산술급수적으로 증가하는데, 인구는 1, 2, 4, 8, …처럼 기하급수적으로 증가하기 때문이라는 것이다. 이처럼 인구 증가 속도가 식량 증가 속도보다 빠르기 때문에 지금과 같은 인구 증가가 지속된다면 식량이 모자라 미래의 인구는 줄어들 수밖에 없다는 결론이 나온다.

그런가 하면 마르크스는 '분배'에 문제가 있어서 인구 문제가 발생한다고 하였다. 지금 세계적으로 식량이 부족한 것은 인구 증가 때문이 아니라, 잘사는 나라는 지나치게 먹을 것이 많고 못사는 나라는 먹을 것이 너무 부족하기 때문이라는 것이다. 그리고 이렇게 국가 간 빈부 격차가 생기는 이유는 자원, 과학 기술, 사회 제도의 차이 때문이라는 것이다.

아직도 지구상에는 굶주림으로 죽어 가는 사람들과 비만과의 전쟁을 하는 사람들이 같이 살아가고 있다. 어떤 나라에는 유독 뚱뚱한 사람들이 많은데 그 사람들은 쟁반만 한 큰 접시에 두

꺼운 고기 덩어리와 샐러드, 감자튀김 따위를 가득 채워서 먹는다. 이들이 한 끼에 먹는 음식이면 오늘날에도 세계 곳곳에서 굶어 죽어 가는 어린이 15명이 하루를 살 수 있다고 한다. 게다가 버리는 음식물 또한 너무나 많다.

맬서스와 마르크스 중 누구 말이 맞을까? 아무튼 나라마다 인구 문제는 단순한 인구수 문제가 아니다. 미국이나 일본은 인구가 많지만, 인구가 많아서 문제라는 말을 하지 않는 것을 보면 ….

저출산 문제를 어떻게 해결할까?

2019년에 통계청은 우리나라 인구가 2028년부터 감소할 것이라고 예측했다. 현재 우리나라는 세계에서 가장 출산율이 낮은 나라이다. 1960년대에 한 해 79만 명이 태어났는데 2018년에는 약 32만 명이 태어났다. 2019년 우리나라의 합계 출산율은 0.92명이다. 합계 출산율은 임신 가능한 15~49세 여성 1명이 평생 낳을 것으로 기대되는 자녀수다. 합계 출산율이 0명대를 나타낸 것은 우리나라 역사상 처음이다.

누군가는 인구 감소가 사회 붕괴로 이어진다는 설은 지나치다고 주장한다. 인구 감소 자체가 문제라기보다는 그 속도가 문제라는 말이다. 우리 사회가 인구 감소에 대해 대처할 시간 없이 인구가 무너지듯이 감소해 버린다면 문제가 된다. 따라서 그 속도를 조절할 수 있다면 저성장 시대에는 인구수보다는 다양한 '사람'에 주목하면서 인구 감소 시대의 새로운 가능성을 열 수 있다는 주장도 있다.

하지만 한편으로 우리나라처럼 세계에서 가장 빠른 속도로 출산율이 감소한 나라에서는 인구 감소가 국가 존망의 문제가 될 것이라는 경고에도 귀를 기울여야 한다. 정부도 지난 10년간 무려 130조 원이라는 어마어마한 돈을 퍼부었지만 출산율 감소를 막기는 역부족인 듯하다. 학자들은 합계 출산율이 2.1명은 돼야 현재 인구 정도를 유지할 수 있다고 한다. 도대체 어떻게 해야 국민들이 아이를 낳을까?

우리나라는 출산율을 높이려고 꾸준히 출산 장려금, 보육료, 임신·출산 진료비 지원, 산전후 휴가, 육아 휴직 등을 실행하며 다양한 노력을 해 왔다. 특히, 다자녀 가족에 대해서는 적극적인 지원도 아끼지 않았다. 여기서 다자녀란 주로 3자녀를 말하는데 최근 들어서는 2자녀부터 다자녀로 봐야 한다는 주장이 힘을 얻고 있다.

그런데 그런 노력이 실제로 출산율 증가로 이어지지 않고 있다. 국민들이 볼 때 일정 부분 도움이 되긴 하지만 아이를 낳아야겠다는 결심으로 이어지게 하지는 못한다는 말이다.

하지만 정부는 포기하지 않고 있다. 최근 우리나라의 정책을 보면 독일처럼 아이 키우기 좋은 환경을 만드는 데 초점을 맞추고 있다. 그중에서도 특히 일과 가정 양립 지원과 남녀평등에 기초한 가족 정책을 강조하고 있다.

예를 들어, 직장을 다니는 임산부가 병원에 다니거나 휴식을 취하는 데 있어서 부당한 대우를 받지 않도록 법 제정 등을 통해 지원하려고 노력하고 있다. 그리고 임신 중일 때와 산후에도 일과 가정 어느 한쪽도 포기하지 않도록 경제적으로 지원하고 있다.

또 여성이 자녀 양육에 전념할 수 있도록 육아 휴직 기간을 길게 보장해 주는 직장이 늘고 있다. 그러나 이 해결 방법에도 문제점은 있다. 여성의 육아 휴직 기간이 길어지면서 경력 단절이 발생하고 이는 사회 복귀의 어려움으로 이어진다. 그래서 독일의 경우, 유급 육아 휴직 기간을 3년에서 1년으로 줄이는 대신 남성의 육아 참여를 독려하고 남성들이 육아 휴직을 신청할 경우 두 배로 휴직 기간을 늘려 주는 보너스 제도를 운영하고 있다. 우리나라도 최근 남성들의 육아 휴직이 늘고 있다.

이외에도 저소득 가정의 출산을 장려하기 위한 경제적 지원이나 직장 보육 시설의 확충 등을 추진하고 있다.

2026년, 초고령 사회가 되면?

65세 이상 인구가 총인구 대비 20% 이상이면 초고령 사회라고 한다. 길거리에 지나가는 사람 5명 중 1명이 노인이란 얘기다. UN 기준으로 볼 때 '노인'이란 65세 이상을 말한다.

영국, 독일, 프랑스 같은 유럽의 선진국들은 이미 20세기 초를 전후해 고령화 사회로 진입하였고, 1970년대에는 고령 사회가 됐다. 일본은 1970년에 고령화 사회가, 1994년에 고령 사회가 되었다.

우리나라는 2000년에 고령화 사회, 2017년에 고령 사회로 진입했다. 그리고 2026년경엔 초고령 사회에 도달할 것이고, 2040년에 이르면 인구의 절반 이상이 52세를 넘을 것이라고 한다. 현 상태가 유지된다면 그렇다는 것이다.

초고령 사회가 되면 생산 가능 인구 또는 경제 활동 인구(15~64세)의 비중이 크게 줄어든다. 왕성하게 일할 수 있는 사람이 줄어들면 경제 발전에 빨간불이 들어올 것이다. 산업 구조가 바뀌어 고령에도 할 수 있는 일이 많아질 수 있지만 노동이라는 것이 육체를 이용하는 것이니 사회적으로 젊은이가 줄어든다면 분명 문제가 더 심각해질 것이다.

- **고령화 사회**(aging society) 65세 이상 인구가 총인구에서 차지하는 비율이 7% 이상인 사회.
- **고령 사회**(aged society) 65세 이상 인구가 총인구에서 차지하는 비율이 14% 이상인 사회.
- **초고령 사회**(post-aged society) 65세 이상 인구가 총인구에서 차지하는 비율이 20% 이상인 사회.

초고령 사회의 문제는 여기서 끝나지 않는다. 고령 인구가 늘어나면 생산 가능 인구가 짊어져야 할 경제적 부담이 더 커진다. 예를 들어, 경제 활동을 하는 나와 가족을 위해 내 급여의 일정 금액을 떼어 모아 두었다가 필요할 때 쓰는 '4대 보험'이란 제도가 있다. 여기서 필요할 때란 병원을 가거나 실업 또는 은퇴 시를 말한다. 그런데 이 제도의 혜택은 은퇴 후 노인이 되었을 때 주로 받게 된다. 고령이 되면 병원도 자주 가고, 일자리를 찾기도 어렵기 때문이다. 그런데 초고령 사회가 되면 돈을 쓰는 사람이 많아지니 돈을 내는 경제 활동 인구의 부담이 매우 커질 수밖에 없는 것이다.

장수는 인간의 꿈인데 인간의 꿈이 사회적 문제가 될 수 있다는 말이다. 우리나라 노인의 가장 큰 문제는 경제적 어려움이다. 우리나라 노인 빈곤율은 거의 50%에 육박하고 있다. 우리나라의 국제적 경제 수준으로 볼 때 믿기지 않을 만큼 높은 수치다. 이런 문제는 어떻게 해결해야 할까?

우리는 100세 시대를 살고 있다.

독일의 경우, 노인에게 직업 훈련 기회를 주고, 시간제 일자리를 확대하여 노인들도 일하는 사회 분위기를 조성했다. 또 국민들을 설득하여 연금을 받는 나이를 점차 높이는 등 노인 복지 지출을 줄여 더 필요한 곳에 복지 예산이 쓰이도록 노력하고 있다.

지금 나는 왜 여기에 살까?

나는 지금 왜 여기에 있을까? 이런 생각을 해 보면 내가 어디에서 왔는지 궁금해진다. 나는 서울에서 태어났는데, 내 아버지는 부산에서 태어났다. 그런데 또 할아버지는 대구에서 태어났다. 그러면 왜 할아버지는 대구에서 부산으로 가셨을까? 그리고 아버지는 왜 부산에서 서울로 오셨을까? 또 할아버지의 할아버지는 어디에서 태어났을까?

아프리카 대륙에서 시작하여 세계로 퍼져 나갔다는 인류의 역사만 보아도 인류 이동의 역사가 얼마나 오래되었는지 알 수 있다. 지금 우리나라의 중고생 중 지금 살고 있는 곳에서 조상 대대로 쭉 살아왔던 사람은 아마 드물 것이다. 20세기만 해도 일제에 강점당해 고향을 떠나야 했던 사람들이 수백만 명이었고, 한국전쟁으로 고향을 떠나야 했던 사람들도 수백만 명이었다. 게다가 1960년대 이후 본격화된 산업화로 많은 사람들이 서울, 부산 같은 대도시로 옮겨 갔다. 이처럼 인구는 이동한다. 사바나의 누 떼나 얼룩말 떼처럼 습관적으로 때가 되면 이동하는 것은 아니지만, 아주 오래전부터 사람들도 여러 가지 이유로 자기가 살던 곳을 떠나 다른 곳으로 갔다.

그런데 인간도 사바나의 누 떼가 물과 풀을 따라 더 좋은 곳을 찾아서 이동하는 것처럼 억압을 피해, 돈을 벌기 위해, 또는 더 좋은 환경에서 공부를 하려고, 그러니까 좀 더 나은 삶을 찾아서 이동한다. 국내에서 해외까지 옮겨 갈 수 있는 장소도 다양하며, 강제로 옮겨지기도 하고 제 뜻에 따라 옮겨 가기도 한다.

세종대왕 때 백두산 호랑이로 불리던 김종서 장군이 북부 지방에 4군 6진을 개척하였는데, 방어를 튼튼히 하고 그곳을 영원히 우리 땅으로 지배하기 위해 남쪽에 살던 사람들을 강제로 이주시킨 적이 있다. 그런가 하면 일제 강점기에는 일본이 제2차 세계대전에 참전하면서 우리의 꽃다운 젊은이들이 전쟁터로 강제 이동되었다.

아- 따뜻해.

한편, 1960년대에 본격적으로 공업이 발

달하면서 농촌에서 도시로 많은 사람들이 옮겨 갔다. 농촌에서 도시로 인구가 이동하는 이촌 향도는 산업화와 도시화가 진행되면서 세계 어디서나 나타나는 현상이다. 식구가 많고 먹고살기 힘들었던 농촌의 젊은 이들은 물론이고, 10대 학생들까지도 부모님의 부담을 덜어 주고 돈을 벌기 위해서 서울, 부산 같은 대도시로 이동했다. 대도시로 모여든 많은 사람들은 옷, 가발, 신발 따위를 만드는 공장에서 아침부터 밤늦게까지 일을 하였다. 그때 열심히 일한 사람들의 땀방울을 밑거름으로 오늘날 대한민국이 경제 강국이 된 것이다. 그들이 지금의 60, 70대 연령층이다. 이때의 이동은 강제는 아니지만 사실 강제 이동만큼 슬픈 역사이기도 하다.

계절적으로 아주 짧은 기간 동안 이동하는 사람들도 있다. 지금은 많은 탄광이 문을 닫아서 그런 모습을 찾아보기 힘들지만 1970년대에는 탄을 캐기 위해 가을이면 많은 사람들이 강원도 탄광 지대로 모여들었다. 당시 탄광 지대는 '개도 만 원짜리를 물고 다닌다.'고 할 만큼 현금이 흔했다고 하니까 그럴 만도 하다. 몰려든 사람들은 이듬해 봄이 되면 도시로 일자리를 찾아 다시 떠났다. 왜냐하면 봄에는 얼었던 땅이 녹아 탄을 캐는 것이 위험했기 때문이다. 이렇게 고향을 떠나 살아가야 하는 사람들이 자신이 새로 정착한 곳에 정을 붙이고 살면서 '제2의 고향'이란 말이 생겨나기도 했다.

난민 문제는 어떻게 해야 할까?

2018년, 예멘이라는 낯선 국가 사람 549명이 제주도에 와서 난민 신청을 하자 많은 사람들이 깜짝 놀랐다. 제주는 물론 전국 곳곳에서 난민 반대 집회가 열렸다. 청와대 국민 청원 홈페이지에 올라온 '난민 반대' 청원 글에 20만 명 넘게 동의하기도 했다.

왜 이런 일이 생겼을까? 2011년 북아프리카 튀니지에서 시작된 '아랍의 봄'이 북아프리카와 서남아시아까지 확산되었다. 아랍의 봄은 부정부패한 정권에 맞선 반정부 시위나 민주화 운동을 말한다. 그런데 이런 움직임이 예멘에서는 내전으로 확산되었고, 예멘 내 피난민만 200만 명, 내전 사망자는 1만 명, 해외로 나간 난민이나 망명을 신청한 사람이

부실한 배를 타고 바다를 떠도는 난민들

28만 명에 달했다. 그중 비자 없이 들어갈 수 있는 말레이시아로 건너간 이들이 제주도로 온 것이다. 그런데 왜 하필 제주도였을까?

제주도는 2002년 관광 활성화를 위해 외국인이 비자 없이 와서 30일 동안 체류할 수 있도록 했다. 그리고 미국이 우리나라에 설치한 고고도 미사일방어체계(THAAD·사드) 문제로 중국 관광객이 끊기자 제주 도청 이 직접 나서서 말레이시아의 쿠알라룸푸르와 제주를 잇는 항공 노선을 만들었다. 예멘 사람들은 바로 이 노선으로 비행기를 타고 제주도로 온 것이다.

6개월에 걸친 난민 심사가 이루어지는 동안 여러 가지 뒷이야기들 이 전해졌다. 예를 들어, 방 2개가 있는 숙소 하나를 부부 두 쌍에게 내 줬는데, 예멘의 무슬림들은 아내의 맨얼굴을 다른 남성에게 보여 주면 안 되기 때문에 두 부부 모두 난색을 표했다고 한다. 또 실내에서 와이 파이가 안 잡혀 바깥으로 나온 예멘 사람들을 보고, 난민들이 몰려다녀 서 무섭다는 민원이 빗발치기도 했다.

하지만 그들을 곁에서 보고 도왔던 제주 도청 직원들은 이런 말을 했다고 한다. 예멘인들과 이야기하면서 이들도 우리와 똑같은 사람이라 는 걸 알게 됐다고. 그리고 사람들의 생각에 변화가 생겼다. 명백한 내 전 상황에 처한 사람은 난민으로 받아들여야 하고, 이들이 취업을 한다 고 해서 경제적 난민이나 가짜 난민으로 몰아서는 안 되며, 이미 한국에 정착했다면 경제 활동을 도와서 범죄 발생 가능성을 줄여야 한다는 식 으로 말이다.

6개월에 걸쳐 난민 심사를 받은 사람은 484명이고, 2명만이 난민으로 인정되었다. 나머지는 인도적 체류 허가자 412명, 단순 불인정 56명, 직권 종료가 14명이었다. 난민 인정자가 적었던 이유는 난민법이 정한 5대 박해 사유에 해당되지 않기 때문이었다. 난민법은 인종, 종교, 국적, 신분, 정치적 이유로 발생한 난민만을 인정하기 때문에, 전쟁이나 내전으로 발생한 난민은 난민으로 인정하지 않는다.

난민은 이미 우리 곁에 있고, 언제라도 그들과 만날 수 있다. 그러니 이제 그들과 어떻게 공존할 것인가를 고민해야 할 시점이 되었다.

산업과 도시 이야기

우리나라를 대표하는 산업이 자동차, 컴퓨터, 반도체인 까닭은
우리에게 우수하고 풍부한 인적 자원이 있기 때문이기도 하지만
천연자원이 부족한 나라의 선택이기도 하다. 말하자면 우리나라는 자원을
수입해서 제품을 만들고 이를 수출해서 먹고사는 나라이다.
따라서 자원이 풍부한 나라와는 다른 산업 구조를 갖는다.

우리나라는 대도시가 중심이 되어 도시 발달이 이루어진 나라이다.
따라서 빠르게 성장했지만 지역 간 불균형, 주택, 교통 문제 등 다양한
문제가 발생하고 있기도 하다.

'산업과 도시 이야기'에서는 우리나라의 산업 분포, 어떤 사업이
발달한 이유, 그리고 도시 발달 과정과 도시 문제 등을 풀어 보고자 한다.
한편, 통일에 대비하여 북한의 행정 구역과 주요 도시들에 대해서도
알게 되고, 고민해 보는 과정이 될 것이다.

시멘트 공장은 어디에 있을까?

우리나라의 시멘트 공장은 강원도 삼척 일대, 영월, 충청북도 단양 등에 주로 분포한다. 시멘트는 아파트, 도로, 상가 건물 등을 짓는 데 필요한 필수 재료이며, 석회암에서 채취한다.

석회암은 과거 바다였던 곳에 쌓였던 퇴적 물질이 굳어져서 암석이 된 것으로 퇴적 물질 안에는 죽은 조개껍데기나 어류의 뼈 등 생명체들이 함께 쌓여 있다. 이런 석회암은 우리나라 고생대 지층에 많은데 그곳이 바로 강원도, 충청도 그리고 북한에서는 평안도 지역에 집중되어 있다. 바다에 쌓여 있던 퇴적층이 고생대에 서서히 지반이 융기하면서 육지가 된 것이다.

우리나라는 자원이 부족하지만 시멘트를 만드는 석회석만큼은 풍부하다. 지금 생산량을 유지하면서도 3000년 이상 캐서 쓸 수 있다. 우리나라의 주택이 주로 시멘트로 지어진 것도 우리나라에 석회석이 풍부하기 때문이다. 먼 미래에 시멘트가 석유만큼 중요해진다면 우리나라는 걱정하지 않아도 될 것 같다.

석회암 노천광산 충청북도 단양

한편, 시멘트는 원료가 제품이 되는 과정에서 무게가 감소하는 특징이 있다. 예를 들어, 원료 2t을 들여 제품 1t을 생산한다는 말이다. 그러니 시멘트 공장을 시장 가까운 곳에 짓는다면 무거운 석회석을 시장 근처까지 가져와서 시멘트를 만들어야 하니 운송비가 비쌀 것이다. 운송비는 거리에만 영향을 받는 게 아니라 무게에도 영향을 받기 때문이다. 즉, 더 무거운 것일수록 운송비도 더 들기 마련이다. 결국, 우리가 나중에 시멘트 공장 사장이 된다면 시멘트 공장을 원료 산지인 석회암 지역에 지어야 할 것이다. 사장 입장에서는 생산비를 줄이는 것이 매우 중요한데 운송비를 줄일 수 있다면 이익이 그만큼 커질 것이기 때문이다.

우리나라의 제철 공장은 왜 바닷가에 지을까?

제철 공업은 국가의 뿌리가 되는 대표적인 산업으로, 철판과 철근 같은 다양한 강재(鋼材)를 생산한다. 제철 공업은 공장을 세우는 데 넓은 땅이 필요하고, 시설을 갖추는 데 엄청나게 큰돈이 들기 때문에 자본 집약적 공업이라고 한다.

제철 산업이 일찍 발달했던 유럽이나 미국은 제철 공장을 석탄과 철광석이 분포하는 원료지나 동력지에 세웠다. 그런데 우리나라는 원료와 연료를 대부분 수입해야 하고, 또 생산된 철강 제품을 수출해야 했기 때문에 운송비가 가장 적게 드는 바닷가에 공장을 세웠다. 광양·포항·인천 제철 등에서 쓰는 역청탄이나 철광석은 거의 전량을 브라질, 오스트레일리아, 칠레 등에서 수입하여 쓰고 있다.

2019년 우리나라의 제철 생산량은 중국, 인도, 일본, 미국에 이어 세

바닷가에 있는 광양 제철소

계 5위가 되었다. 러시아를 제치고 5위권으로 진입한 것이다. 그리고 단일 회사로는 우리나라의 포항 제철과 광양 제철이 일본의 신일본 제철과 함께 세계적인 생산량을 자랑한다.

이처럼 우리나라는 원료와 연료가 부족하다. 요즘은 독일, 영국, 프랑스에서도 자원이 고갈됨에 따라 원료의 수입이 유리한 바닷가나 하천 주변으로 공장을 이전하고 있다.

제철 공업이나 석유 화학 공업은 원료를 수입하고 제품을 수출하는 특성 때문에 운송비의 영향을 크게 받는 교통 지향 공업이라고 한다.

가구 공장은 왜 도시에 많을까?

결혼을 하는 사람들은 새 가구를 장만하기 위해 가구점을 돌아다닌다. 어떤 사람은 더 싸게 가구를 장만하려고 가구 공장을 직접 찾기도 한다. 우리나라에서는 결혼을 할 때 집과 가구와 가전제품 같은 살림살이를 시작부터 몽땅 장만하는 경우가 흔하다. 이렇게 다 장만하여 결혼을 하려면 오랫동안 돈을 모아야 하고 또 늙은 부모님에게도 큰 부담을 안겨 주게 되니, 별로 안 좋은 관습인 것 같다. 사랑하면 가진 것이 없어도 같이 살면서 알뜰살뜰 살림을 늘리고 집도 마련하는 재미를 느끼며 살아야 좋지 않을까?

가구점이나 가구 공장을 찾다 보면 생각보다 집에서 가까운 곳에 있다는 것을 알게 된다. 베버의 말대로라면 크고 무거운 나무를 잘라서 만드는 가구는 원료가 제품이 되는 과정에서 무게가 줄어들기 때문에 나무가 많은 원료지에 공장이 들어서야 할 것 같은데, 실제로 가구점이나 가구 공장은 을지로, 신촌, 일산 신도시, 검단 신도시를 비롯하여 모두 도시 가까이에 있다. 왜 그럴까?

1000만 원짜리 장롱에 긁히거나 찍힌 자국이 났다고 해 보자. 이 장롱을 800만 원에 판다면 팔릴까? 찍힌 자국이 있어도 옷을 걸거나 이불을 넣고 쓰는 데 아무런 불편함이 없지만, 이 장롱은 팔리지 않는다. 가구는 흠이 나면 상품의 가치가 크게 떨어지는 특징을 가지고 있다. 그래서 운반 도중에 망가지거나 흠집 나는 위험을 줄이려고 소비지와 가까운 도시에 공장이 들어선다. 그런데 최근에는 가구 단지에 가서 디자인이나 가격을 확인한 후 인터넷으로 구입하는 경우가 늘고 있다. 동일 상품인데도 인터넷에 올라온 가격이 더 저렴하기 때문이다. 그러니 앞으로는 가구 공장이 도시를 떠나 더 한적한 곳으로 갈 수도 있겠다.

누가 도심을 차지할까?

도시가 작을 때는 공장, 학교, 시청, 동사무소, 집, 백화점, 대기업 본사 같은 것들이 모두 모여 있었다. 인구도 적었고 교통도 발달하지 않아서 먼 곳에 사는 사람들이 도심으로 출퇴근하기 어려웠기 때문이다.

하지만 인구가 증가하고 도시가 커지면 가운데 자리, 곧 도심을 놓고 공장, 학교, 시청, 집, 붕어빵 가게, 구멍가게, 백화점, 대기업 본사가 싸움을 벌인다. 가운데 자리는 도시의 모든 곳으로부터 가장 짧은 거리이며, 어디를 가든 어디에서 오든 교통비가 적게 들고 시간도 절약되는, 좀 어렵게 말해서 '접근성'이 가장 좋은 자리다. 그렇다 보니 서로 도심을 차지하려 한다. 결국, 무엇이 도심을 차지하게 될까?

모두가 도심을 원한다면 도심의 가치는 높아진다. 비싼 도심을 차지하기 위해서는 그곳을 이용할 수 있는 '지대 지불 능력'이 있어야 한다. 지대(地代)란 지가(地價), 곧 땅값하고는 좀 다른데 땅값을 포함해서 땅을 통해 얻을 수 있는 모든 이익을 말한다.

'붕어빵 가게'는 하루에 붕어빵을 사 먹는 사람이 100명도 넘게 들른다. 그러나 붕어빵은 하나에 500원이고, 500개를 팔면 매출액이 25만 원이다. 3.3m²(1평)에 1억 원이 넘는 도심 땅을 빌려서 그 땅을 이용하는 비용을 낼 수 있을까? 불가능해 보인다. '공장'은 돈도 많이 벌고 사람들도 이곳으로 많이 출근하니까 도심에 있기를 원한다. 하지만 공장을 세우려면 넓은 땅이 있어야 하고, 공장에서는 대기 오염이나 수질 오염을 일으키는 매연과 폐수가 나온다. 따라서 비싼 도심을 이용하기에는 돈도 많이 들고, 다른 사람들도 좋아하지 않으니 도심에서 멀리 나가야 한다. '집'은 돈을 버는 곳이 아니기 때문에 지불 능력이 없다. 그러니 경제적으로만 생각한다면 집도 도심에서 멀리 나가야 할 것이다.

반면 '백화점'은 하루에 수천 명이 이용하고, 비싼 물건도 많이 팔기 때문에 도심을 이용할 수 있는 능력이 있다. '시청'도 사람들이 행정 업무를 보기 위해서 자주 들르는 곳이기 때문에 많은 사람들에게 중요한 곳이면서 지대 지불 능력이 있다. 또한 시민들이 편리하기 위해서라도 도심에 있어야 한다.

시간이 흐르면서 도심에 있으려고 하는 은행, 금융 센터, 백화점이 점점 늘어나 도심의 빌딩이 30층, 40층, 60층, 자꾸만 고층화되어 갔다.

이렇게 백화점, 시청, 대기업 본사는 도심을 차지하고, 공장, 학교, 집은 땅값이 싼 주변 지역으로 이동하게 되었다. 이런 과정을 대도시의 분화라고 한다. 그리고 이렇게 도시가 기능별로 나뉘게 된 것은 도심에서 주변 지역까지 넓은 도로와 지하철이 연결되고, 자동차가 생기면서 도심으로 출근하는 것이 편리해졌기 때문이다.

우리나라 아파트값은 언제까지 오를까?

지금도 여전히 아파트가 우후죽순처럼 곳곳에서 솟아오르고 있다. 그런데 신기한 것은 이렇게 짓고 있는데도 아파트값이 계속 오른다는 것이다. 왜 이런 문제가 발생할까? 바로 공급과 수요, 그리고 집을 바라보는 인식 때문이다.

먼저 공급과 수요의 측면에서 살펴보자. 쉽게 말해서 집이 필요한 사람이 얼마만큼인가 하는 수요와 곳곳에서 아파트를 공급하기 위해 얼마나 짓는지를 보자.

사실 우리나라에서 서울을 뺀 나머지 지역은 주택 보급률이 100%를 넘었다. 우리나라 주택 보급률은 2008년 처음으로 100%를 넘겼고, 2019년 현재 106%를 기록하고 있다. 곧, 1가구당 1주택만 보유한다면 모두가 집을 가질 수 있다는 뜻이다. 이렇게 보면 우리나라는 집값이 비쌀 이유가 없다. 그럼에도 여러 채의 집을 가진 사람들이 많기 때문에 실제로는 자기 집을 가지고 있는 사람의 비율이 약 60% 정도밖에 안 된다. 그러니 앞으로도 집을 사려는 수요는 지속적으로 있다고 봐야 한다. 이런 문제점을 정부도 잘 알기 때문에 참여정부 때(2003~2008년)는 6억 원 이상의 부동산을 보유한 사람에게는 '보유세'라는 세금을 징수하고, 1가구 2주택 이상인 사람에게는 집을 팔 때 내는 세금인 '양도세'를 더 많이 내게 했다. 하지만 이런 정부의 노력이 허망할 정도로 집값은 빠른 속도로 올랐다.

그리고 2021년 현재도 정부는 집값 상승을 막기 위해 지속적으로 정책을 펴고 있다. 예를 들면, 분양 가격의 상한선을 정하는 분양가 상한제, 집을 살 때 돈을 빌려주는 것을 철저히 하는 대출 규제 등이 강력한 대책으로 꼽힌다. 그런데 서울의 경우는 여전히 집값이 오르고 있다. 서울 강남의 집 한 채를 팔면 같은 크기의 지방 아파트를 3~5채는 살 수 있다고 한다.

또 한 가지, 우리나라 사람들은 집을 재산 증식의 수단

이거 보세요!

음…1가구 2주택 대상자에…

으로 인식하는 경향이 있다. 내가 편안하게 머물 수 있는 공간으로 보는 게 아니라 재산을 늘릴 수 있는 재테크 대상으로 보기 때문에 집을 사려는 사람은 더욱 늘어난다. 심한 경우에 어떤 사람들은 아파트 가격 담합까지 하여 가격 상승을 부추긴다.

이런 문제를 해결하려면 정부의 적절한 정책이 필요하고, 편법이나 위법을 저지르는 투기꾼들에 대한 강력한 단속이 이루어져야 한다. 그리고 무엇보다도 국민들이 집을 바라보는 의식이 바뀌어야 하지 않을까?

도시 문제는 어떻게 해결해야 할까?

2019년 정부는 3기 신도시 건설을 추진하기 시작했다. 주택 시장 안정을 위해 계획한 것이란다. 남양주시, 인천광역시, 과천시 등에는 대규모 택지 지구를 지정했다. 서울 경계로부터 약 2km 떨어진 가까운 지역이다. 게다가 안산·용인·수원 등 26곳에 중소 규모 택지 지구를 추가로 짓기로 하였다. 과연 이런 계획이 주택 가격 문제를 해결하고, 더 나아가 서울의 과밀화 방지 및 분산 유도까지 할 수 있을까?

과거를 돌이켜 보면 결론이 낙관적이지만은 않다. 과거 분당(성남시), 일산(고양시), 산본(군포시), 평촌(안양시) 같은 2기 신도시들이 서울의 인구를 줄이고 주택난을 완화하는 역할을 했지만, 주로 주거 기능만을 하는 바람에 반쪽짜리 신도시가 되고 말았다. 대부분의 사람들이 서울로 출퇴근을 해야 하기 때문에 서울의 분산 정책은 오히려 서울의 팽창을 가져왔고, 교통 체증만 더욱 심화했다. 따라서 앞으로의 신도시는 자족 기능을 갖출 수 있어야 한다.

대부분의 인구가 도시에 살고 있는 우리나라에서 도시 문제를 해결하지 못한다면 불편과 고통, 그와 함께 엄청난 비용이 따르게 된다. 과거 노무현 전 대통령 시절, 정부가 충청도에 세종 행정 중심 복합 도시를 건설하고, 각 지방에 혁신 도시를 건설하겠다고 한 것도 도시 문제를 해결하겠다는 의지였다. 국토의 중앙에 해당되어 모든 지역으로부터 접근성이 좋고, 서울에서 출퇴근하기에는 멀리 떨어진 곳에 행정 도시를 건설하여 서울 인구의 분산을 실질적으로 이뤄 내겠다는 것이 세종 행정 중심 복합 도시의 목표였다. 그리고 대도시에서 나타나는 과잉 도시화 문제를 해결하기 위한 방법 가운데 하나로 정치, 경제, 행정 따위의 기능을 지방에 있는 작은 도시로 분산하는 방법이 있는데 그것이 혁신 도시 사업이었다. 혁신 도시는 중앙에 있던 공공 기관을 지방으로 이전하고, 산업계와 대학 그리고 연구소(관청) 등이 협력하여 만드는 미래형 도시라고 할 수 있다.

도시 문제를 해결하는 다른 방법으로 도시화 초기에 만들어진 시가지를 다시 꾸미는 재개발 사업을 들 수 있다. 도시 재개발은 도시의 시설이 오래되어 위험하고 보기에도 좋지 않은 곳에 행해진다. 도심 주변에 있는 낡고 허름한 주택가, 오래된 공장 지대, 도로와 상하수도 시설을 쾌적하고 경제적 가치가 더 높은 곳으로 바꾸기 위해 재개발 사업이 시행된다.

그리고 강력한 대책으로는 시가지가 무질서하게 팽창되지 않도록

그린벨트, 곧 개발 제한 구역을 설정하여 과밀화를 막고 토지를 합리적
으로 이용하도록 하는 것이다. 우리나라에서는 1970년대에 처음으로
개발 제한 구역을 설정하였다.

우리나라의 산업화는 언제부터 일어났을까?

산업 혁명은 이를테면, 조금 생산해서 조금씩 소비하던 세상을 대량
으로 생산해서 대량으로 소비하는 세상으로 바꾼 사건이다. 이 사건은
사람이 집에서 손으로 물건을 만들던 가내 수공업 중심에서 공장에서
기계로 물건을 만드는 공장제 공업으로 산업의 구조를 바꾸었다. 또 산
업 혁명은 공장을 세워 운영하는 사장과 고용되어 일하는 노동자를 만
들었다.

노동자라고 하면 흔히 공장 노동자나 건설 현장에서 막노동하는 사
람을 떠올리기 쉬운데 그것은 틀린 생각이다. 우리 사회의 많은 사람들
이 월급을 받고 일하고 있는데, 이렇게 노동을 제공하고 임금을 받는 대
부분의 사람들이 노동자다. 말하자면 의사도 개인 병원을 세워서 자신
이 직접 운영하는 원장(사장) 겸 의사는 노동자가 아니지만, 대학 병원에
서 직원으로 일하며 월급 받는 의사는 노동자이다.

18세기 중엽 영국에서 산업 혁명이 시작되었는데, 우리나라의 산업
화는 20세기 초 일제 강점기에 시작되었다. 일제 강점기에 북부 지방은
중국과의 전쟁을 위한 군사 기지였다. 지리적으로 중국과 가까우면서도

지하자원이 풍부했기 때문이다. 이는 북부 지방에서 중공업이 발달하는 계기가 되었다. 한편 이때 남부 지방에서는 가정에서 쓰는 생활필수품 정도를 만드는 경공업이 발달하였다. 한마디로 북부는 중공업, 남부는 경공업에 치중되는 기형적인 모습으로 우리나라의 산업화가 진행되었다.

더군다나 우리나라는 일본의 식민지였기 때문에 당시 생산물로 벌어들인 이익이 우리 민족에게 돌아가지 않았다. 그래서 우리나라와 우리 민족을 위한 경제적인 발전이 이루어진 우리의 본격적인 산업화는 1960년대부터라고 할 수 있다.

북한의 수도, 평양은 어떤 곳일까?

평양은 고구려의 장수왕 때 수도가 된 뒤 250년간 지속되었고, 고려 시대에는 수도인 개경 다음가는 도시로 대도호부가 설치되어 있었으며, 조선 시대에는 대구, 강경과 함께 조선 3대 시장의 하나였다.

오늘날 평양은 북한에서 '혁명의 수도'로 일컬어지며, 면적은 서울의 약 2배 정도다. 2011년에 3개 군과 1개 구역을 황해북도로 편입시키며 면적의 57%를 줄인 결과다. 원래는 서울 면적의 4배였다. 평양의 인구 밀집 지역은 전체 면적의 2%를 넘지 않는다. 즉, 평양 지역 전체가 번화한 도시로 발전해 있는 것은 아니라는 뜻이다.

북한 최대의 도시인 평양은 인구가 약 250만 명(2019년 추정)으로 '종주 도시'다. 종주 도시란 2위 도시 인구의 두 배가 넘는 1위 도시를 말하는데, 주로 개발도상국의 수도가 종주 도시다. 인구 1000만 명의 서울도 부산(약 350만 명, 2019년 기준)보다 인구가 두 배 이상 많은 종주 도시다. 평양은 정치·경제의 중요 기능이 집중된 도시로 중앙 집권적인 당·정 기구가 모여 있고, 다른 지역에 비해 경제적으로 많이 발전되어 있다. 평양의 인구 밀도는 북한의 다른 지역 평균 인구 밀도보다 6배 이상 높다.

평양의 주거지를 보면 흥미로운 점을 발견할 수 있는데, 개인 소유의 주거지가 없고 모두 정부로부터 빌려 쓰며 임대료를 낸다. 아파트나 일반 주택도 등급에 따라 규격화되어 있으며 거주지 선택은 개인의 뜻보다는 중앙 정부에 의해 결정된다. 그중 '창광 거리 지역'은 고급 간부들이 거주하는 고급 아파트촌이다.

만약 평양에 간다면 많이 놀랄 것이다. 우리가 알고 있던 평양, 우리가 예상하고 있는 평양이 아니기 때문이다. 화려한 여명 거리와 영생탑, 인민 문화 예술 공연장인 4·25 문화 회관, 원통형 아파트가 아름다운 광복 거리, 북한 최고 높이 빌딩인 유경 호텔에 이르기까지 압도적인 규모의 건축물들이 시선을 사로잡는다. 어떤 이는 10년이면 강산이 한 번 변한다는데 여기는 세 번은 변한 것 같다고 한다.

유경 호텔이 보이는 평양직할시의 풍경

북한에도 특별시가 있다

남한에는 특별시가 하나 있는데 북한에는 두 개가 있다. 남포특별시와 나선특별시가 그것이다. 얼핏 '서울 같은 도시가 두 개나 되나?' 하는 의문이 든다. 북한은 왜 이런 식으로 행정 구역을 정했을까? 북한의 행정 구역은 통일이 되었을 때를 대비한 것이라는 말이 있다. 즉, 도 비례 대표를 뽑을 때 남한과 대등한 관계가 되게 하려고 그랬다는 것이다. 사실 남포와 나선은 서울에 비하면 작고 발전이 덜 된 도시지만 북한에선 평양 다음가는 도시다.

남포는 바다에서 평양으로 들어가는 입구에 있는 관문도시이기에 과거부터 중요한 곳이었다. 그래서 고구려와 고려의 유적이 많이 남아 있다. 예를 들어, 북한의 국보이자 유네스코 세계 문화유산으로 등록된 덕흥리 벽화 고분에 그려진 벽화는 세계적으로 유명하다. 남포는 근대에 들어서도 주요 도시로 성장하였다. 일제 강점기에는 진남포로 불렸고, 부산과 인천으로 이어지는 철도가 놓이면서 북쪽 지역을 대표하는 항구 도시로 발전하였다. 광복 후에는 일제 잔재를 청산하는 과정에서 다시 '남포'가 되었고, 남포시로 승격되었다. 그리고 그 뒤 '남포직할시(1979년)', '남포특급시(2004년)'로 불리다가 2010년에 특별시가 되었다. 특별시가 된 뒤, 주변의 강서군, 천리마군 등이 편입되어 더 큰 도시가 되었다.

남포의 대동강 하류에는 약 8km의 바다를 막아 만든 서해 갑문이 있다. 5만 t 이상의 배도 드나들 수 있는 서해 갑문은 남포의 자랑이자 북한 경제의 큰 기둥이기도 하다. 서해 갑문으로 생겨난 호수는 가뭄과 홍수를 조절하고, 농업과 공업 시설에 물을 대는 주요 시설이다. 또 갑문 댐 위로 철길과 도로가 생기면서 교통이 더욱 편리해졌다.

나선특별시를 북한에서는 '라선특별시'라고 부른다. 중국, 러시아와 가까워 경제특구(1991년)로 개발하기 위해 라진과 선봉(웅기)을 합쳐 라진선봉시(1993년)를 만들었다. 그리고 라선직할시(2000년), 라선특급시(2004년)로 불리다 2010년에 라선특별시로 승격하였다. 라선특별시는 현재는 미국의 경제 재제로 발전이 더디지만 북한의 경제 활동이 자유로워진다면 성장 가능성이 매우 클 것으로 추정된다. 특히, 경제특구 지역은 북한에서 유일하게 사증 없이 입국할 수 있는 곳이기도 하지만 다른 한편으로는 북한의 다른 지역과는 전기 철조망으로 격리되어 있는 곳이기도 하다.

세종특별자치시는 어떻게 생겨났을까?

우리나라에는 특별자치도와 특별자치시라는 독특한 행정 구역이 있다. 바로 제주특별자치도와 세종특별자치시다. 자치는 '스스로 다스린다'는 말이다. 따라서 자치시는 다른 도시에 비해서 중앙 정부의 간섭을 덜 받는 독립적인 시다.

2002년 노무현 전 대통령이 대선 공약으로 수도를 옮기겠다고 약속한다. 서울을 포함하는 수도권에 인구나 정치, 경제적 기능이 지나치게 집중되어 있으니 이것을 분산해야 한다는 생각에서 한 약속이었다. 미국도 최대의 도시는 뉴욕이지만 수도는 워싱턴 DC다. 이는 정치와 경제의 기능을 분리시킨 것이다. 노무현 대통령은 당선된 이후, 국토의 균형 발전을 위해 수도를 충청권으로 옮기려고 노력하였다. 하지만 수도를 옮기는 것에 반대하는 사람들이 헌법 소원을 내고, 헌법재판소(헌재)에서 위헌 결정(2004년)을 내렸다. 관습법이라는 법의 논리로 수도를 옮길 수 없다는 판결을 냈다.

헌법재판소는 수도가 서울로 정해진 것은 조선 시대 이래 600여 년간 국가 생활에서 전통적으로 형성된, 계속적이고 변함없이 지속된 관행이고, 서울이 수도라는 것은 국민 누구도 반박할 수 없는 명확한 사실이라고 했다. 결국 서울이 수도라는 것은 헌법적 효력을 지니는 불문의 헌법 규범으로 봐야 한다는 게 헌재의 입장이었다. 행정 구역은 정하기 나름인데 한번 정한 수도를 헌법적 가치로까지 여겨야 한다니 그다지 이해되지는 않지만 법치 국가에서 법원의 판결을 무시할 수도 없었다.

이에 따라 서울은 수도의 역할을 유지하게 되었고, 당시 노무현 정부는 행정 중심 복합 도시를 건설하기로 결정하고, 도시 이름을 '세종시'로 확정하였다. 그리하여 2012년 충청남도 연기군이 사라지고, 그 자리에 공주시와 청원군 일부를 합쳐 세종특별자치시가 만들어졌다.

2012년 국무총리실 이전을 시작으로 서울과 과천에 있던 정부 기관 중 교육부, 문화체육부, 고용노동부 등 9부가 세종특별자치시로 이전하였다.

어떤 도시들이 광역시를 꿈꿀까?

우리나라에서 가장 큰 도시는 서울특별시이다. 그리고 이에 버금가는 대도시로는 광역시가 있다. 원래는 직할시였으나 1995년에 광역시로 명칭을 바꿨다. 1995년 당시에는 부산, 인천, 광주, 대구, 대전 이렇게 다섯 곳의 광역시가 있었으나 1997년에 울산시가 광역시로 승격하면서 현재는 총 6곳이 되었다.

광역시는 자치구나 군을 산하 행정 구역으로 둘 수 있다. 현재 광주광역시와 대전광역시를 제외한 광역시 산하에는 군이 있다. 인천광역시의 강화군처럼 말이다.

잠깐 광역시의 역사를 이야기하자면, 부산광역시는 우리나라 제2의 도시로 1963년에 직할시가 되었고, 대구광역시와 인천광역시는 1981년에, 광주광역시는 1986년에, 대전광역시는 1989년에 직할시로 승격하였다.

우리나라 제2의 도시 부산광역시

보통 자치시의 인구가 100만 명 이상이거나, 인접한 시와 군을 합쳐 인구가 100만 명이 넘으면 광역시로 승격이 거론되기 시작한다. 1963년 당시 부산직할시 인구가 116만 명이었고, 인천은 1981년에

108만 명, 광주는 1986년에 92만 명, 울산은 1997년에 101만 명이었다.

오늘날에는 경기도 성남시, 하남시, 광주시가 통합하여 성남광역시를, 경기도 수원시, 화성시, 오산시도 힘을 합쳐 수원광역시를, 경상남도 창원시, 마산시, 진해시, 함안군이 통합하여 창원광역시를 꿈꾸고 있다.

하지만 원한다고 다 되는 것이 아니다. 예를 들어, 창원시는 주변 시와 군을 합쳐서 광역시를 만들고 싶어 한다. 그렇게 되면 인구와 경제력에서 경상남도의 3분의 1 정도를 차지하고 있는 창원시가 경상남도에서 빠져나가게 될 것이다. 이는 경상남도 지방 정부의 존립 자체를 흔드는 일이 될 수도 있다. 경상남도 사람들은 아직도 '부산과 울산은 경상남도에서 분가한 자녀'라는 생각을 하고 있다고 한다.

한편, 기존의 지역 경계를 뛰어 넘어 광역시를 추진하는 곳도 있다. 영·호남 6개 시·군 즉, 경상남도 사천시, 하동군, 남해군, 전라남도 여수시, 순천시, 광양시가 통합하는 섬진광역시다. 이는 남해안에 지역구를 둔 여야 국회의원들이 섬진강 광역시로 개편하자는 제안을 하면서 시작되었다. 그간은 섬진강이 동서를 나누는 역할을 했다면 이제는 동서가 섬진강을 중심으로 하나가 되는 계기를 만들자는 취지의 주장이기도 하다.

서울이 2000년 수도라고?

서울시청 홈페이지에 들어가면 '서울이 2000년 수도'라고 홍보하고 있다. 조선 시대부터 600년 수도라는 말이 익숙한데 왜 2000년 수도라는 걸까? 잠시 고개를 갸우뚱하다 보니 백제 때도 한양이 수도였다는 사실이 떠오른다.

고구려의 왕, 주몽이 왕위를 유리에게 물려주자, 유리의 동생이었던 비류와 온조가 남쪽으로 내려왔다. 그중 온조가 지금의 한강 하류에 자리를 잡고, 백제를 건국한다. 그리고 지금의 송파구에 성을 지었다. 그 성이 바로 풍납토성이며, 위례성, 한성 등으로 불린다.

당시 한강 유역은 농사짓기에 좋고, 철기 문화가 발달하여 철제 농기구도 사용했다. 백제는 점차 세력을 넓혀 3세기경 제8대 왕인 고이왕 때 안정된 국가를 이루었고, 4세기경 제13대 왕인 근초고왕 때는 북쪽으로는 고구려와 맞서면서도 남쪽으로는 마한 지역을 통합해 영토를 넓혔다. 이외에도 중국의 문화와 문물을 받아들였고, 일본에 학문을 전했다. 이때가 백제의 전성기였다.

하지만 제15대 왕인 침류왕 이후, 백제의 운명이 하락세를 보이기 시작한다. 결국 제21대 왕인 개로왕 때 고구려의 공격을 받아 한성이 함락되었다. 500여 년 찬란했던 백제의 한성 시대가 막을 내리고 이후 웅진(공주)으로 수도를 옮겨 웅진 시대가 열렸다.

한편, 신라가 삼국을 통일한 이후에도 지금의 서울 지역은 여전히 중

현재의 서울특별시 모습

요한 지역이었다. 서울이라는 지명의 어원은 삼국 시대 신라 때로 보고 있다. 신라 혁거세 왕에 대한 내용을 보면 나라를 세우고 국호를 서라벌 또는 서벌, 사라, 사로라고 했는데, 이후 이것이 도읍을 뜻하는 말이 되었고 지금의 서울이 되었다고 한다. 서울 지역은 이처럼 아주 오래전부터 우리나라에서 중심지 역할을 했다.

한편, 오늘날 서울의 면적은 약 600㎢로 남한 면적에서 약 0.6%를 차지하는 좁은 곳이다. 하지만 우리나라 인구의 20%가 살고 있는 곳이자, 청와대와 국회가 있는 정치의 중심지이기도 하다.

남한과 북한이 교역을 하면 어디가 더 이익일까?

교역은 서로 물건을 사고파는 것으로, 교역이 발생하려면 상호 보완성이 있어야 한다. 동남아시아 경제 연합체인 동남아시아국가연합(ASEAN)은 서로 가지고 있는 것이 비슷하여 상호 보완성이 부족하기 때문에 경제적 협력이 잘 이루어지지 못하고 있다. 동남아시아국가연합의 회원국인 인도네시아, 타이, 베트남, 미얀마, 라오스, 필리핀, 말레이시아 같은 나라들은 모두 자원과 노동력이 풍부한 반면 자본과 기술이 부족하다. 그래서 ASEAN 국가들은 오히려 자본과 기술이 풍부한 우리나라나 일본과 교역을 많이 한다.

남한과 북한은 상호 보완성이 좋다. 빠른 속도로 성장한 남한은 북한보다 높은 기술 수준과 풍부한 자본이 있고, 북한은 자원과 노동력이

풍부하다. 특히, 북한은 모든 교육이 의무
교육이기 때문에 노동자들의 교육 수준이
높다. 지금 우리나라에서 낮은 임금을
따라 중국, 동남아시아로 이전한 공
장들을 북한으로 옮겨 말이 통하는
북한 노동력을 이용하면 생산성이 더욱 높아질
것이다.

중국, 미국, 일본만큼 많은 물건이 오가는 것은 아니지만 옛날보다는
남북한 사이의 교역이 많이 늘어났다. 특히, 남한이 원자재를 가지고 북
한에 가서 생산하는 '위탁 가공 교역'이 늘어나고 있는 추세이다. 교역
물품을 보면, 남한은 주로 농림 수산품과 섬유류, 철강 금속, 광산품 따
위를 북한에서 수입하고, 북한은 비료, 의약품, 기계류 따위를 남한에서
수입한다.

앞으로 남북한 사이에 교역이 크게 늘어날 것으로 기대하고 있다.
또 경원선, 경의선 같은 남북 철도가 연결되고, 이 철도가 중국횡단철도,
시베리아횡단철도와 연결되면, 유럽·러시아·베트남까지 육로로 수화
물을 보낼 수 있다. 그렇게 되면 북한은 통행료로, 남한은 물류 비용과
시간 절감으로 큰 이익을 볼 것이다.

지역 개발 이야기

우리나라는 아직도 국토의 0.6%밖에 되지 않는 서울에 전체
인구의 20%에 이르는 약 1000만 명이 살고 있다.
이는 6명이 잘 수 있는 방에 200명이 자고 있는 셈이다.
서울만 그런 것이 아니라, 부산, 인천, 대구 같은 광역시와 수원,
부천, 성남 같은 중도시들도 조금 차이가 있을 뿐 비좁기는 매한가지다.
이를 해결하기 위해 지방의 여러 도시들을 개발하려고 하지만
사람들은 좀처럼 대도시를 떠나려고 하지 않는다.

한편, 오늘도 도시 곳곳에서 사람들이 중앙 정부나 지방 정부를 상대로
항의를 하고 있다. 왜 내가 사는 곳에 화장장을 짓느냐, 왜 내가 사는 곳에
핵 폐기장을 만들려고 하느냐, 또는 내가 사는 곳에 지하철역을 만들어 달라,
내가 사는 곳으로 시청과 도청을 옮겨 달라….
이런 주민들의 외침은 필요해 보이기도 하고, 지나쳐 보이기도 한다.

과연 무엇이 옳은 것일까? 정부는 이 문제를 어떻게 해결할 수 있을까?
과연 주민 스스로 이 문제를 해결할 수는 없는 것일까?
이 장에서는 지역 개발과 환경에 얽힌 이야기들을 하나씩 살펴보자.

우리나라는 왜 지역 간 불균형이 심할까?

서울 강남에서는 50㎡(약 15평)짜리 아파트가 10억 원이 넘고, 30평대 아파트는 20억 원을 넘는다. 일반 직장인의 월급으로는 평생 모아도 살 수 없는 집값이다. 반면, 지방 도시에서는 10억이면 200㎡(약 60평)짜리 아파트 두 채를 살 수도 있다. 우리나라의 지역 간 차이는 이처럼 집값에만 나타나는 게 아니다. 인구, 행정 기능, 문화적 혜택을 비롯하여 여러 분야에서 지역 격차가 매우 크다. 왜 이렇게 지역 간 불균형이 심할까?

1960년대 초, 5·16 쿠데타로 정권을 잡은 군사 정부는 민주주의를 염원하는 사람들을 억압하면서 한편으로는 경제 발전에 온 힘을 쏟았다. 당시 우리나라는 너무 가난해서 국토를 골고루 발전시킬 만큼 돈도 없었고, 기술도 부족했다. 지역 개발을 위해 모은 돈 중 70%는 다른 나라에서 빌려 온 돈이고, 20%는 나라 안에 있던 부자들의 돈이고, 나랏돈은 고작 10%뿐이었다고 한다.

이처럼 나라가 가난하다 보니 어떻게 해야 적은 돈으로 경제를 잘 발전시킬 수 있을지 고민이 컸다. 공장을 짓기 위해서는 트럭이 다닐 수 있는 도로를 건설해야 하고, 기계를 돌릴 수 있는 전기 시설도 만들어야 하며, 상수도와 하수도도 설치해야 하는데, 가지고 있는 돈은 고작해야 도로를 건설할 정도밖에 안 됐다. 무엇보다도 그것이 당시 우리나라의 전 재산이었기 때문에 그 돈을 개발에 투자하면 반드시 그 이상의 이익이 바로 발생해야 한다고 주장하는 사람들이 많았다.

방법은 두 가지였다. 하나는 전 국토를 균형 있게 발전시키기 위해 지금 가지고 있는 돈을 여러 곳으로 쪼개서 전국에 골고루 투자하는 방법이었고, 다른 하나는 될 놈을 밀어주는 방법, 다시 말해 발전 가능성이 큰 지역을 집중적으로 키워 주는 방법이었다. 그때는 독재 시대였고, 대통령은 '될 놈을 밀어주는 방법'을 택하였다.

1960년대, 전기가 들어와 있고, 도로도 놓여 있고, 공장만 지으면 일할 사람이 모여 저렴한 노동력으로 공장을 돌릴 수 있는 곳이 바로 서울이었다. 그래서 서울과 인천을 중심으로 집중적인 투자가 이루어졌다. 지금은 구로 디지털 산업 단지라고 부르지만 옛날에는 구로 공업 단지라고 불렀던 국내 최대의 공업 단지가 만들어지고, 농촌에서 올라온 10대, 20대 젊은이들이 밤늦게까지 일했다.

자본과 기술이 부족한 개발도상국은 주로 될 놈을 밀어주는 성장 거점 개발 방식을 택하는데, 이를 하향식 개발이라고도 한다. 하향식 개발이란 중앙 정부가 주체가 되어 성장 가능성이 큰 지역을 우선 개발하고, 이를 통해서 나온 이익으로 '파급 효과'를 일으켜 그다음 지역을 개발하는, 위에서 아래로의 개발 방법이다.

그런데 서울과 같은 성장 거점 도시에 농어촌 사람들이 모여들면서

도시와 농촌의 격차가 크게 벌어지는 역효과가 나타났다. 농촌은 젊은 사람들이 떠나가는 바람에 일할 사람마저 부족해 발전 가능성조차 사라지는 곳으로 변한 것이다.

커진 파이를 어떻게 나눌까?

대통령 선거가 있을 때면 후보들의 공통된 공약이 있다.

○○당 후보는 "여러분, 저를 대통령으로 뽑아 주시면 저 마라도 땅끝에서 서울까지 모두가 잘사는 나라를 만들겠습니다." □□당 후보는 "여러분, 저를 대통령으로 뽑아 주시면 의료와 교육을 무상으로 할 것입니다. 이제 돈 없어서 공부 못 하고, 아파도 돈이 없어서 병원에 가지 못하는 일은 없을 것입니다." 이런 공약들을 보면 우리 사회의 가장 큰 문제가 지역 간 불균형, 계층 간 소득 격차임을 단번에 알 수 있다.

우리나라는 세계적인 경제 강국으로 발전하였다. 이렇게 말하면 "우리가 무슨 경제 강국이냐? 미국, 일본, 영국, 독일, 진짜 경제 강국이 얼마나 많은데⋯."라고 비꼬는 사람들도 있겠지만 전 세계에 200개가 넘는 나라가 있고, 우리보다 잘사는 나라는 그렇게 많지 않다.

인구 약 78억 명(2021년 기준)이 살고 있는 세계가 만일 100명이 사는 마을이라면, 이 마을에서 자동차를 가지고 있는 사람과 대학 교육을 받은 사람이 10명도 되지 않는다고 한다. 우리나라에서는 3명 중 1명이 차를 가지고 있고, 고등학생의 80%가 대학을 가고 있으며, 컴퓨터는 텔레비전만큼 흔한 전자 제품 중 하나다.

이제 우리나라는 경제 발전을 추진하는 것도 중요하지만 가난한 자와 약자를 위한 따뜻한 개발을 해야 한다. 옛날에는 돈이 없어서 낙후된 지역을 개발하지 못했지만 이제는 튼튼하고 화목한 나라를 건설하기 위해 못사는 지역을 우선시해야 한다.

개발의 주체도 과거에는 중앙 정부였다면 이제는 각 지방 정부와 지역 주민들이 중심이 되어 균형 개발을 추진해야 한다. 그래서 지역 간 소득 격차와 생활 수준 차이를 줄여야 한다. 내 형제와 이웃이 잘살고 나도 잘살아야 마음이 편하지, 형, 누나, 동생, 이웃 들이 가난으로 고생하는데 나만 잘 먹고 잘살면 행복할까? 그동안은 우리나라가 너무 가난해서 빵의 크기를 키우기에 바빴고, 그래서 배고픈 사람들을 배려하지 못했다면, 이제는 커진 빵을 잘 나누어 먹는 노력을 해야 할 때이다.

미국 연방 의회 발표에 따르면 소득이 높을수록 장수한다고 한다. 1931~1941년에 태어난 사람 중 저소득층의 경우 52%가, 상위 계층의 경우 74%가 2014년까지 살아 있었다. 잘 먹고, 병원도 잘 다닐 수 있는 사람이 오래 산 게 아닐까 추측할 수 있다. 그렇다면 빵을 잘 나누는 것은 생명을 나누는 것만큼 중요한 일이 아닐까?

'새벽종이 울렸네! 새 아침이 밝았네!'

1960년대에 제1, 2차 경제개발5개년계획을 실시하여 경제 발전에 자신감을 얻은 정부는 좀 더 장기적이고 규모가 큰 국토종합개발계획을 세웠다. 이 계획이 끝날 때쯤이면 우리나라도 선진국의 반열에 오를 것이라는 기대감으로 가득했다.

그뿐만 아니라 이른 아침이면 "새벽종이 울렸네! 새 아침이 밝았네! 너도 나도 일어나 새마을을 만드세."라는 새마을 운동 노래가 대형 스피커에서 흘러나와 국민들에게 열심히 일할 것을 권장했다. 노랫말처럼 새벽부터 밤늦게까지 열심히 일한 결과 경제는 빠르게 발전하였다. 경제개발5개년계획은 그 뒤로도 계속되어 1996년 7차까지 이어졌다.

한편, 경제개발5개년계획과 더불어 1970년대에 진행된 제1차 국토종합개발계획(1972~1981년)은 한강, 금강, 낙동강, 영산강 등 큰 강에 다목적 댐을 건설하여 전력과 용수를 구하고, 서울에서 부산을 잇는 경부선을 중심으로 공업 도시들을 조성하였다. 우리가 쓸 물건이 부족해도 수출이 우선이었던 수출 지향 정책과 노동자들이 피땀 흘리며 목숨을 걸고 노력한 결과 1977년에는 100억 달러 수출을 이루었다.

하지만 경제 발전이 모든 사람을 부유하고 행복하게 만들어 주지는 못했다. 대도시 구석에 있는 작은 공장에서는 월급도 제대로 받지 못하고 쉬는 시간도 보장받지 못하는 비참한 노동자들이 늘어났고, 국가는 이런 노동자들을 외면하며 발전만을 노래하였다. 심지어 대학생들이 엠티(MT. 수련 모임)에 가지고 가던 통기타를 기차역에서 빼앗아 보관하기도 하였다. 대학생들이 여기저기서 놀면 일하려는 사람들의 의욕을 낮출 수 있다는 게 그런 인권 침해를 저지른 이유였다. 하지만 시골에서는 초가지붕이 슬레이트 지붕으로 바뀌고 집 안에 전기가 들어오면서 생활이 훨씬 더 편리해졌기 때문에 독재를 비판하고 민주주의를 외치는 목소리가 전국 곳곳까지 울려 퍼지지는 못했다.

1980년대 들어서는 그동안 지나친 개발로 파괴된 환경을 복구하고 빈부 격차를 줄이는 균형 개발을 계획하였다(제2차 국토종합개발계획, 1982~1991년). 하지만 1988년 서울 올림픽을 유치하면서 서울과 수도권 중심의 개발은 더욱 가속되었고, 이 때문에 빈부 격차는 이전보다 더욱 커졌다. 1990년대 들어서 이번엔 진짜 균형 개발을 해야 한다는 계획을 세웠다(제3차 국토종합 개발계획, 1992~2001년). 수도권 신도시들이 이때 개발되었다.

지난 30년간의 국토 종합 개발은 대한민국을 경제 강국으로 발전시키는 기폭제가 되었지만 지역 간 불균형과 수도권 과밀화 같은 숱한 문제를 일으키기도 했다.

제4차 국토종합계획에서는 무엇이 빠졌을까?

제1, 2, 3차 국토종합개발계획이 끝나고 제4차 계획을 세웠다. 그런데 제4차 국토종합계획에는 그동안 써 오던 말 중 '개발'이란 글자가 빠졌다. 그것은 그동안 개발 중심으로 진행되어 온 지역 발전 방향을 인간과 환경을 중심으로 따뜻한 온기가 느껴지는 그런 국토 발전으로 바꾸어 보자는 뜻이다.

제4차 국토종합계획의 특징은 미래를 대비하고 있다는 것이다. 이 계획의 기본 이념은 통합 국토이다. 지역 간 불균형이 사라지는 '상생 국토', 산과 강이 푸르게 숨 쉬는 '녹색 국토', 동북아시아의 핵심 국가가 되어 세계로 진출하는 '개방 국토', 남북한이 하나가 되는 '통일 국토', 이 네 가지를 합쳐서 '통합 국토'라고 한다.

그런데 지난 2005년 제4차 국토종합계획을 수정하였다. 그 이유는 정부가 충청 지방에 행정 도시를 건설하고 행정, 사법, 입법과 관련된 국가 공공 기관을 이전하겠다고 발표했기 때문이다. 한편으로는 중국이 빠른 속도로 우리나라를 쫓아오고 있고, 세계화가 빠르게 진행되면서 국내외의 환경에 변화가 생겼기 때문이기도 하다.

수정안은 국토의 균형 발전과 복지 향상, 한국·중국·일본이 세계의 중심이 되는 동북아시아 시대를 맞아 개방형 국토 경영 전략과 통일 기반 구축을 위한 전략이 강조되었다. 특히 제4차 국토종합계획의 수정안에 새로 추가된 목표는 살기 좋은 '복지 국토'이다. 이는 급속한 인구

고령화를 감안한 것으로, 도시와 농촌의 생활 환경을 개선하여 국민 모두가 쾌적한 삶을 누리게 하고자 하는 것이다.

님비와 핌피는 당연한 것일까?

뱀과 장어는 비슷하게 생겼지만, 뱀은 징그럽다고 피하는 반면 장어는 서로 잡으려고 한다. 배추벌레와 누에도 비슷하게 생겼지만, 배추벌레는 징그럽다고 싫어하면서 누에는 거리낌 없이 손으로 만진다.

님비(NIMBY, 'Not in My Backyard'의 약자)는 "내 뒷마당에는 절대 안 돼!"라는 뜻으로, 뱀과 배추벌레같이 혐오스럽게 여기는 것을 거부하는 집단 이기주의를 말한다. 집단 이기주의란 주민들이나 어떤 조직이 자신들의 이익만을 위해서 집단적으로 반발하는 현상이다. 집단 이기주의는 사회 발전을 위해 좋지 않은데 실제 우리 주변에서는 흔하게 볼 수 있으며, 내 자신도 그 순간이 되면 어떻게 하게 될지 알 수 없다.

우리 집 주변에 쓰레기 매립장을 세운다면 어떨까? 반대 목소리를 내는 주민들을 이해할 수는 있다. 쓰레기가 나오지 않는 집은 없지만 우리 집 주변에 매립지를 만든다면 악취 때문에 불편할 것이다.

그런데 치매 병원을 세운다면 어떨까? 반대하는 주민들의 주장을 이해하기 힘들다. 팔이나 다리에 상처가 나서 아프듯 치매는 뇌에 상처가 난 사람들이다. 그것이 유전이든 환경 때문이든 의사의 손길이 절실한 사람들이 찾는 곳이 치매 병원이다. 냄새가 나는 것도 아니고 시끄럽거나 무서운 혐오 시설도 아니다. 병원 안에서는 시끄러울지 모르나 그 소리가 담을 넘어 인근 아파트 단지까지 들릴 리는 없다. 그런데도 집값이 떨어질까 걱정되어 치매 병원이나 신경 정신 병원 세우는 것을 반대하는 사람들이 있다.

반대로 핌피(PIMFY, 'Please In My Front Yard'의 약자)는 "제발 내 앞마당에 놓아 주세요!"라는 뜻으로, 장어와 누에처럼 쓸모 있다고 여기는 것을 서로 가지려고 하는 집단 이기주의를 말한다. 우리 집 주변에 관공서나 첨단 산업 단지가 들어선다면 동네가 많이 발전하고 집값도 오를 테니 대부분 좋아할 것이다. 그래서 경제적 이익이 있거나 삶의 질을 높일 수 있는 시설을 서로 자기 동네에 유치하기 위해 거리로 몰려나와 목소리를 높인다.

그런데 요즘은 새로운 핌피 현상이 나타나고 있다. 국가가 큰 보상을 해 준다면 뱀과 배추벌레같이 여기던 쓰레기 종합 처리장, 핵폐기물 처리장 같은 것을 자기 지역에 유치하겠다는 것이다. 예를 들어 강원도 영월군에서 쓰레기 종합 처리장 계획을 내놓자 군 안에 있는 9개 마을이 신청했다. 그리고 전라도 부안군에서 반대한 핵폐기물 처리장을 경상도 경주가 다른 도시와 경합을 벌인 끝에 유치한 경우도 있다. 이와 같은 지역 이기주의는 지방 자치제가 실시된 후부터 전염병처럼 번지고 있다.

북한의 행정 구역에 '면'이 없다?

    사회과 부도나 지리부도를 보면 북한의 행정 구역이 두 가지로 표시되어 있다. 하나는 옛날에 남북한이 하나일 때 쓰던 행정 구역으로 평안도, 황해도, 함경도, 강원도로 구분된 것이고, 다른 하나는 남북이 갈라진 이후 북한에서 새로 만든 행정 구역으로 양강도와 자강도가 있다. 황해도를 북도와 남도로 나눴으며, 휴전선 이북의 강원도를 원산까지 확대하였다.

    북한은 1945년 광복 후부터 지금까지 약 50차례 정도 행정 구역을 바꿨고, 예로부터 내려오던 지명도 많이 바꿨다. 그러니 지금 남한에 사는 사람들 가운데 북한에 고향을 둔 사람이 고향을 찾아간다고 해도 옛날 주소로는 고향을 찾을 수 없을 것이다.

    북한은 현재 '도·직할시/시, 구역·군/읍·리·동·노동자구'의 3단계 행정 구역을 쓴다. 눈에 띄는 차이점은 '면' 대신에 '노동자구'가 생긴 것인데, '면'을 폐지하고 '군'을 분할하여 그 수를 많이 늘린 것이다. 노동자구란 일종의 특수 촌락으로 다수의 노동력을 효율적으로 관리하여 생산성을 높이기 위해 탄전 지대, 공업 단지, 광산 지역, 발전소, 어장, 특수 농장 같은 인구 밀집 지역에 도시 형태를 갖추어 설치한 행정 단위이다. 북한은 2019년 현재 1직할시, 3특별시, 9도로 되어 있다.

요기는 15년 전에 없어졌습네다. 듬무 유감입네다.

뭐이 어드래?!

부들 부들

사회주의 국가가 변화하고 있다고?

1917년 10월, 러시아에서 일어난 혁명으로 소련(USSR)이라는 최초의 사회주의 국가가 탄생하였다. 그 후 중국, 몽골, 동부 유럽, 쿠바, 북한이 사회주의 국가가 되었고, 이 나라들은 개인의 능력과 개성, 그리고 공급과 수요에 의해 결정되는 시장 경제보다는 정부가 계획한 대로 생산하고 분배한 대로 소비하는 계획 경제 체제를 선호했다.

사회주의 계획 경제는 토지, 농장, 공장, 수송, 금융 따위 모든 생산 수단을 나라의 것으로 국유화하고, 사유 재산을 인정하지 않는다. 따라서 사회주의 계획 경제 체제의 노동자들은 자본주의 사회의 노동자들처럼 밤늦게까지 일하거나 바쁘게 하루를 사는 경우가 적었다. 어찌 들으면 '괜찮겠는데?' 하는 생각도 든다. 하지만 사회주의 국가 건설을 주장했던 사람들의 예상과는 다르게 계획 경제 체제에서는 시장이 확대되는데 한계가 있었고, 생산도 활기를 잃었다. 게다가 노력한 만큼이 아닌 국가가 정해 주는 만큼 자신의 몫을 받으니 노동 의욕과 노동 생산성이 떨어졌다.

결국 소련의 경제 성장은 멈춰 버렸다. 거대 제국이 이런 지경이 되니 그 안에서 분리 독립을 원하던 카자흐스탄, 우즈베키스탄, 우크라이나 등 소수 민족 공화국들의 목소리가 커졌다. 1991년 마침내 소련이 붕괴되었고, 그 자리에는 1917년 이전에 있었던 러시아, 우크라이나, 카자흐스탄, 우즈베키스탄을 비롯한 15개의 공화국이 각각 독립 국가로 부활하였다.

소련의 붕괴는 동부 유럽과 유고슬라비아 연방을 비롯하여 사회주의 국가의 붕괴로 이어졌으며, 제2차 세계대전 후 지속되어 온 미국과 소련을 중심으로 한 냉전 체제도 막을 내렸다. 지금은 루마니아, 불가리아, 헝가리, 폴란드, 체코와 같은 과거 사회주의 국가들이 EU(유럽 연합)에 가입하여 자본주의 국가로 빠르게 발전을 꾀하고 있다.

반면, 중국은 정치적으로는 사회주의 국가지만 1980년대 초부터 경제적으로 자본주의를 받아들여서 빠른 속도로 발전하고 있다. '작은 거인'이라 일컬어지는 등소평이 "검은 고양이든 흰 고양이든 쥐만 잘 잡으면 된다."고 주장하며 개방 정책을 추진하였다. 쉽게 말해서 사회주의만 내세우지 말고 자본주의에서도 본받을 게 있으면 본받자는 주장이었다. 등소평의 이런 생각은 들어맞았다. 중국의 동부 해안가를 따라 개방 도시와 경제특구가 만들어지고 경제가 성장했다. 많은 전문가들이 21세기에는 세계 경제의 중심이 미국에서 중국으로 이동할 것이라고 말한다.

북한도 변화를 선택했다

북한과 중국은 같은 사회주의 체제를 내세웠지만 현재 모습은 완전히 딴판이다. 북한과 중국의 국경선을 이루는 압록강을 따라 신의주에서 백두산으로 가면서 보면 서쪽은 중국이고 동쪽은 북한인데, 중국의 산이 나무로 가득해 푸른 반면, 북한의 산은 꼭대기까지 나무가 없는 민둥산이다. 많은 가정에서 나무로 땔감을 하고, 산꼭대기까지 농토로 개 간을 했기 때문이다. 오는날 북한은 니이지리아, 인도네시아 나음으로 산림 훼손이 심각한 나라다. 유엔식량농업기구(FAO)는 1990~2016년 사이에 북한 산림의 약 40%가 사라졌다고 한다. 해마다 평양 면적과 비 슷한 산림이 사라진 셈이다.

북한이 1990년대보다는 경제 사정이 나아졌다고 하지만 어려움은 지금도 진행형이다. 북한은 미국, 유럽 등 국제 사회로부터 경제 제제를 받아 왔다. 따라서 자립적인 민족 경제 국가를 건설해야 했고, 경제 발 전에 필요한 원료와 자본도 최소한으로 들여올 수밖에 없었다. 그뿐 아 니라 무역을 하는 상대 국가도 중국, 러시아 등 몇 나라로 한정되어 있 어서 발전하는 데 한계가 있었다. 두만강 개발 계획, 신의주 특구 지정, 금강산 관광 특구 지정, 개성 공단 사업 등이 미국이나 유럽 등 국제 제 제 때문에 한발도 나가지 못하고 있다.

최근 북한은 변화하기 위해 정상 국가의 모습으로 세계 무대에 나가 려고 노력하는 것 같다. 중국처럼 경제 개방과 개혁을 서두르고, 적대적 이었던 미국과도 대화하려고 한다. 남북한이 평화 시대를 열어 북한 경 제가 남한과 손잡고, 나아가 세계와 손잡고 발전하기를 희망해 본다.

개성이 '평화의 땅'으로 되돌아오길 기대한다

개성 공단은 지금 잠자고 있다. 2013년 이후 중단과 폐쇄를 반복하다가 실질적으로 2015년부터는 가동이 중단되었다. 그곳에는 125개의 남한 업체가 들어가 있는데 이들이 지금까지 약 1조 5000억 원에 달하는 손해를 보고 있다고 주장하고 있다.

현재 남한의 문재인 정부는 개성 공단의 정상화를 위해 노력하고 있다. 하지만 이는 남한과 북한과의 대화만으로 풀 수 있는 문제가 아니다. 이미 핵보유국임을 선포한 북한을 상대로 국제 사회는 핵을 포기하라고 하고 있다. 북한을 둘러싼 세계 분위기는 냉소적이다. 남한 역시 북한의 핵을 인정할 수는 없는 것이다.

사실 개성 공단이 만들어지기까지는 긴 사연이 있었다.

북한은 경제적인 어려움을 이겨 내기 위해 1980년대부터 외국인의 북한 내 투자를 허용했으나 정치적으로 불안한 북한에 자본과 기술을 투자하려는 기업은 쉽게 나타나지 않았다. 1991년 여름, 유엔개발계획 (UNDP)이 주도하여 두만강 주변의 북한, 중국, 러시아의 국경 지대를 개

2013년 환하게 불이 밝혀진 개성 공단 야경

발하는 두만강 지역 개발 계획을 실시하였지만 실패했다. 개발 초기에 세 나라가 서로 사기 나라를 개발의 중심지로 정하려고 다투다가 결국은 중심 개발 지대를 정하지 못했기 때문이다. 그리고 북·미 관계, 북한과 남한과의 긴장 관계 등 불안한 국제 정세가 지속되면서 북한에 대한 투자는 거의 이루어지지 못했다.

그러다가 2000년대에 들어서 남북 합작으로 개성 공단 사업이 추진되었다. 개성 공단 사업은 남북 모두에게 도움이 되는 경제 협력 사업이자 한반도 냉전 질서를 녹이는 평화 사업으로, 개성 일대를 남북 합작 공단과 배후 도시로 건설하는 사업이었다. 개성 공단은 군사 분계선에서 서쪽으로 2.5km, 판문점에서 4km, 도라산 역에서 7km 떨어져 있다. 서울에서 자동차로 1시간이면 닿는 거리다.

개성 공단 사업은 2000년 현대아산㈜과 북한의 합의로 시작되었고, 2015년 폐쇄될 당시 전체 125개 남한 기업이 입주해 있었으며, 북한 노동자가 약 55,000명에 이르렀다.

개성 공단이 한창 가동되던 시기에는 북한의 대표적인 군사 요충지였던 개성 인근 지역이 평화 산업 지대로 변모하였으며, 비무장 지대를 가로지르는 경의선 도로를 통해 날마다 수백 명의 인원과 차량이 남한과 개성을 오가며 공단을 개발하고 제품을 생산하였다. 또한 개성 공단 사업은 남한의 자본과 기술, 북한의 노동력과 토지를 결합하여 남북 공동 번영을 도모하는 대표적인 남북 경제 협력 사업으로, 국내에서 높은 생산비 때문에 경쟁력이 떨어져 해외로 공장을 이전하려는 중소기업들에게 희망이기도 하였다.

환경 이야기

오늘날 지구는 지구온난화에 시달리고 있다.

남태평양의 투발루 사람들은 짐을 싸서 인근 국가로 이민을 가고 있다.

해수면이 높아져 나라가 물속에 잠기고 있기 때문이다.

이렇게 극단적인 사례가 아니어도 환경에 의한 피해는 전 세계적으로

나타나고 있다. 온대 기후 지역에서 영하 40°를 넘나드는 살인적인

추위가 나타나고, 우리나라와 일본에도 10년에 한 번 올까 말까 한 강력한

슈퍼 태풍이 거의 매년 남쪽으로부터 올라온다. 또한 태풍이 오는 횟수도 늘고 있다.

이제 우리나라에서는 5월이면 이미 사람들이 반팔을 꺼내 입는 것이

이상하지 않게 되었고, 7, 8월 한여름은 적도 국가보다 더 뜨겁다.

그동안 사람들은 경제가 중요하다는 건 잘 알면서도 환경의 중요성에 대해서는

한 귀로 듣고 한 귀로 흘렸을 뿐 진심으로 심각하게 느끼지는 못했던 것 같다.

하지만 변하지 않을 것 같던 환경이 빠른 속도로 바뀌어

이제는 인간에게 치명적이고 무섭다는 것을 몸소 체험해서 잘 알고 있다.

'환경 이야기'에서는 이런 환경의 변화와 그 중요성을 알아보자.

자연이 인간을 보호해야 할 필요가 있을까?

"인간은 자연 보호, 자연은 인간 보호." 이 말은 얼핏 들으면 "그래, 그래야지!" 하는 생각이 든다. 그런데 이 말의 꼬리를 잡고 따져 보면 다른 생각이 든다.

먼저, '인간은 자연 보호'란 말은 당연하다. 인간은 공기를 마셔 숨을 쉬며, 물은 농사를 짓거나 공장 기계를 돌리는 데 필수적이다. 산은 목재와 약초를 제공하고 편안한 휴양지가 되어 주며, 바다는 수산 자원과 지하자원, 그리고 밀림만큼 많은 산소를 준다. 그러니 인간은 자연이 파괴되면 바로 멸종할 수밖에 없는 동물이다.

다음, '자연은 인간 보호'란 말을 생각해 보자. 자연이 생존하기 위해서 인간이 꼭 있어야 할까? 인간이 꼭 있어야 한다고 생각하는 사람은 인간의 처지에서만 생각하거나, 아니면 자연을 너무 약한 존재로 보는 것이다. 지구의 나이가 46억 살인데, 인류가 지구상에 나타난 것은 고작 200만 년밖에 안 된다. 공룡보다도 훨씬 뒤에 나타난 것이다.

46억 년이라는 지구의 나이에서 200만 년은 2300분의 1이다. 이것을 하루 24시간으로 바꾸어 셈하면, 인간의 200만 년은 고작 37초에 해당하는 시간이다. 더군다나 인간이 환경을 심하게 망가뜨리기 시작한 것은 약 300년 전에 있었던 산업 혁명 이후부터이고, 그중에서도 20세기 이후에 나타난 인간들이 자연을 가장 크게 파괴하였다.

만약 지금 당장 인간이 지구상에서 사라진다면 우리나라에서 가장 많은 인구가 사는 도시 서울은 어떻게 될까? 아무것도 살 수 없는 달처럼 황량한 곳이 될까?

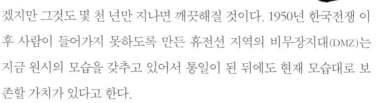

천만의 말씀이다. 서울의 공기는 몇 달
만 지나도 조선 시대처럼 맑은 공기로 바
뀔 것이고, 한강 물은 3년만 지나면 먹어
도 될 만큼 맑은 물로 바뀔 것이다. 이미 쓰레
기로 버려진 땅들은 복구되는 데 오랜 시간이 걸리
겠지만 그것도 몇 천 년만 지나면 깨끗해질 것이다. 1950년 한국전쟁 이
후 사람이 들어가지 못하도록 만든 휴전선 지역의 비무장지대(DMZ)는
지금 원시의 모습을 갖추고 있어서 통일이 된 뒤에도 현재 모습대로 보
존할 가치가 있다고 한다.

우리 인간들은 좀 더 겸손한 마음으로 자연을 대해야 한다. 자연은
때로 인간에게 극복의 대상이었지만 약 78억(2021년 기준) 인간들의 생존
은 자연의 품 안에서만 가능하다는 것을 잊지 말아야 한다.

김삿갓이 한강에 오줌을 누면 환경 오염일까?

자연이 스스로를 지킬 수 있는 자정 능력이 깨지는 순간부터를 환경
오염이라고 한다. 그러니 김삿갓 혼자서 한강에 소변을 본 것은 환경 오
염이 아니다. 흐르는 강물은 자정 능력이 있어서 오염된 물이 500m만
흘러가면 먹어도 될 만큼 깨끗이 정화되기 때문이다.

그런데 김삿갓 말고도 이삿갓, 홍삿갓, 최삿갓 등 여러 사람들이 소

변을 본다면 이야기는 달라진다. 여러 사람이 많은 양의 폐수를 한강으로 보내면 한강은 사성 능력의 한계를 넘게 되고 그 순간부터 오염된 강이 될 것이다.

환경 오염에는 공기가 더러워지는 대기 오염, 하천과 바다가 더러워지는 수질 오염, 토양이 더러워지는 토양 오염, 그 밖에 소음과 진동이 있다. 오염 물질들은 주로 공장과 가정, 자동차에서 많이 배출된다.

공장이나 자동차의 매연으로 인한 대기 오염은 지구온난화, 오존층 파괴, 스모그 현상 등을 일으킨다. 대기 오염은 특히 호흡기를 통해 인간에게 직접 피해를 주기 때문에 한 번에 엄청나게 많은 사람들을 죽거나 병들게 할 수 있는 가장 무섭고 위협적인 오염이다.

수질 오염은 19세기 후반에 영국에서 처리되지 않은 많은 하수가 템스강으로 흘러 들어가면서 처음으로 문제가 되었다. 대표적인 수질 오

● **환경이 파괴되면 어떤 일이 일어날까?**

환경이 파괴되면 단순히 공기와 물이 오염되는 데서 끝나는 것이 아니라 끔찍하고 감당하기 힘든 제3의 일이 발생한다. 1955년경 일본 구마모토 현의 미나마타 만에 있는 공장에서 흘러나온 수은이 바다로 흘러 들어가 조개나 물고기의 몸 안에 쌓여 있다가 이것을 먹은 사람들이 병에 걸린 일이 발생했다. 수은 중독증인 미나마타병에 걸린 사람들은 제대로 걷지 못하고 몸을 가누기도 힘들었으며, 심하면 식물인간이 되어 죽었다. 사실 당시 일본에서는 이미 몇 년 전부터 이런 일이 일어날 것임을 자연이 말해 주고 있었는데, 사람들이 그냥 무시했던 것이다.

우리나라에서도 이런 징후가 여러 번 발견되었다. 1999년 11월 부산 지역 취수장 인근을 비롯하여 낙동강 하류 지역에서 환경 호르몬의 영향에 대한 연구를 하기 위해 채취한 수컷 잉어 61마리 중 9마리가 암컷으로 변해 있었다. 비스페놀 A나 다이옥신 같은 환경 호르몬 때문에 수컷 잉어의 몸에 암컷의 단백질인 비테로게닌이 생성되어 정자 수가 감소하고 생식기가 퇴화한 것이었다.

염으로는 부영양화, 적조, 녹조 현상이 있다. 하천, 호수, 바다로 각종 폐수의 유기 물질이 유입되면 물속에 질소와 인 같은 영양 물질이 늘어나 바다 식생인 조류(藻類)의 광합성 양이 급격히 증가하고 성장과 번식이 빠르게 진행되어 물속 산소가 부족해진다. 이것을 '부영양화 현상'이라고 한다. 이때 조류의 종류에 따라 적조 또는 녹조 현상이 나타난다. 물은 식수, 농업용수, 공업용수로 주로 쓰이고 사람이 사는 데 가장 중요한 자원이기 때문에 쓸 수 있는 깨끗한 물이 사라진다는 건 생각만 해도 끔찍한 일이다.

토양 오염은 과다한 농약 사용, 화학 비료 사용, 쓰레기 매립 때문에 일어난다. 토양 오염은 공기나 물처럼 직접 영향을 주기보다는 썩고 병든 토양에서 재배된 채소, 과일, 쌀, 밀을 통해 인간에게 간접 영향을 준다. 토양은 자정 능력이 매우 약해서 한번 오염되면 우리가 살아 있는 동안 그 토양이 다시 깨끗해지는 것을 보기 어려울 정도이다. 폐타이어는 분해되는 데 50년, 알루미늄 캔은 200년, 플라스틱 생수통은 500년, 유리병은 100~200만 년, 폐건전지는 200만 년 이상 걸린다고 한다. 그러므로 토양 오염이야말로 예방이 정말 중요하다.

정말 물이 전쟁을 일으킬까?

옛날부터 영토, 민족, 종교는 전쟁의 주요 원인이었다. 학교에서는 '어느 민족이든, 어느 인종이든 사람은 다 소중하다.'라거나 '어느 종교든 다 존중되어야 한다.'라고 가르친다. 하지만 모든 지구인이 그렇게 생각하는 것은 아니다. 내 민족이 아니면 안 되고, 내 종교가 아니면 안 된다는 사람들도 많다. 20세기에는 자본주의냐 공산주의냐를 놓고 이념 전쟁도 하였고, 최근에는 석유, 다이아몬드 같은 자원을 놓고 세계 곳곳에서 전쟁을 하고 있다. '언제쯤이면 세상에 전쟁이 없어질까?' 생각하며 평화로운 세계를 기원해 보지만 그것은 한낱 꿈일 것 같다.

벌써부터 21세기는 물이 제3차 세계대전의 원인이 될 것이라고 말해 왔다. 실제로 이런 싸움은 이미 시작되었고, 과거 종교의 이름으로 치열하게 싸웠던 전쟁만큼 물을 확보하기 위한 싸움은 치열할 것이다.

특히 물이 부족한 서남아시아와 북부 아프리카는 오래전부터 물 때문에 싸우고 있다. 서남아시아에 흐르는 티그리스강, 유프라테스강 같은 국제 하천은 여러 나라를 지나며 흐른다. 그래서 상류 지역에 있는 터키는 댐을 만들어 물을 마음대로 관리하겠다고 하고, 하류 지역에 있는 시리아와 이라크는 댐을 건설하면 절대로 용서하지 않겠다고 경고하고 있다. 이 같은 물싸움은 나일강, 다뉴브강, 갠지스강과 같이 여러 나라를 경유해서 흐르는 국제 하천에는 옛날부터 흔한 일이었으나 최근 들어 물 소비량이 증가하면서 더욱 심해졌다.

이러한 갈등은 국내에서도 있다. 낙동강을 둘러싸고 상류 지역의 대구 주민들과 하류 지역의 부산·경남 주민들이 싸움을 했다. 1991년 대구시가 위천 국가 공단을 건설하여 곳곳에 흩어져 있는 소규모 공장들을 공단으로 옮기는 방안을 추진하자, 하류에 있는 부산·경남 주민들은 말도 안 된다며 들고 일어났다. 부산 주민들은 낙동강을 식수로 보기 때문에 오염되면 안 된다는 생각을 하는데 반해, 대구 주민들은 낙동강을 공업용수로 보기 때문에 생겨난 갈등이었다. 결국, 2002년 위천 국가 공단 계획은 무산되었다.

　낙동강 하류에서도 지역 간 물 분쟁이 있었다. 부산시는 남강댐 물을 사용하고 싶다고 요구하고 경상남도와 남강댐 주변 주민들은 물 부족과 농업용수에 악영향을 줄 수 있다며 반대해서 25년간 갈등을 빚었다. 결국 부산시가 포기하면서 마무리됐지만 부산시로서는 안전한 식수를 확보해야 하는 과제를 여전히 안고 있다.

　이외에 아직도 진행형인 갈등이 더 있다. 대구 취수장 이전을 놓고 대구와 구미가 10년째 갈등을 지속하고 있다. 대구시는 취수장을 구미 공단 위쪽으로 옮길 것을 희망하는데 구미시는 물 부족과 수질 악화를 이유로 반대하고 있다. 또 울산은 선사시대 유적인 반구대 암각화 보존을 위해 식수원으로 쓰고 있는 사연댐의 수위를 낮추고 부족한 식수는 낙동강에서 끌어오려 하면서 대구시, 경상북도와 갈등하고 있다.

하늘에서 식초가 내린다면 어떨까?

순수한 물은 중성으로 수소 이온 농도(pH)가 7이다. 하지만 보통 빗물은 공기 중에 이산화탄소가 녹아 있기 때문에 약한 산성을 띠며, 그 값은 pH 5.6 정도이다. 그래서 자연 상태에서 빗물의 산성도를 판단하는 기준은 pH 5.6이며, 그 미만인 경우를 산성비라고 한다.

보통 대기가 오염되지 않은 깨끗한 곳에서는 비가 pH 5.6~6.5 정도의 약산성을 띠지만, 공장이 많은 공업 도시나 자동차가 많은 대도시에서는 석유, 석탄 같은 화석 연료 소비가 많아서 빗물이 강한 산성을 띤다. 그 이유는 자동차에서 나오는 매연이나 공장, 발전소, 가정에서 동력으로 이용하는 석탄, 석유가 탈 때 나오는 오염 물질이 빗물과 결합하여 질산, 황산, 염산으로 변하기 때문이다.

산성비의 영향은 우리나라뿐만 아니라 세계 곳곳에서 삼림의 황폐화, 토양 오염, 하천과 호수에서 물고기 떼죽음으로 나타나고 있다. 보통 육지에서는 pH 5.1 이하, 물속에서는 5.5 이하로 떨어진 산성비가 생태계에 영향을 준다. 심각한 곳에서는 pH 3 이하의 산성비가 내려 금속 철재, 콘크리트, 대리석, 석회암으로 만들어진 건축 구조물, 고고학적 유물과 같은 인류의 자산을 부식시킨다. 또 pH 5이면 쌀, 밀, 보리의 광합성을 방해하고, pH 4가 되면 수확량이 감소하여 식량 생산에 영향을 준다. 특히 산성비는 인간에게도 직접 치명적인 피해를 주는데, 산성비를 많이 맞으면 대머리가 된다는 게 거짓말이 아니다. 대머리 정도가 아니라 눈과 피부를 자극하여 고통을 주고, 암을 일으키기도 한다.

또 산성비는 황사처럼 국경을 넘어 다닌다. 영국, 프랑스의 오염 물질이 편서풍을 타고 날아가서 노르웨이와 스웨덴의 삼림을 파괴하였고, 미국 오대호의 산성비가 편서풍을 타고 가서 캐나다 동부 해안의 삼림을 파괴하기도 하였다.

따라서 산성비를 줄이려는 노력은 국제 협력을 통해 이루어져야 하며, 자동차 배기가스 감소와 청정 에너지원 사용과 같이 다양한 방면으로 대책이 이루어져야 한다.

런던 스모그와 LA 스모그는 무엇이 다를까?

스모그(smog)란 오염된 안개로, 매연(smoke)과 안개(fog)가 합쳐진 말이다. 런던 스모그와 LA 스모그가 가장 유명한데, 두 스모그의 공통점은 런던과 LA 둘 다 분지이며 오염된 대도시이고, 스모그가 발생한 시기가 일교차가 큰 계절이었다는 것이다.

1952년 12월, 런던의 기온이 갑자기 뚝 떨어지자 하늘과 땅이 구름과 안개로 덮이고 태양 빛이 차단되어 낮에도 앞이 잘 안 보일 정도로 어두워졌다. 당시 영국은 가정이나 공장에서 대부분 석탄을 연료로 사용하였는데, 석탄이 타면서 연기가 정제되지 않은 채 공기 중으로 배출되었다. 이런 매연물질이 때마침 나타난 짙은 안개와 결합하여 땅 위에 오랫동안 머물게 되었다. 특히 매연 속에 있던 아황산가스가 인체에 해로운 황산 안개로 변하여 사람들의 호흡기에 치명적인 영향을 주었다. 스모그가 발생한 뒤 첫 3주 동안에 4000여 명이 죽었고, 그 후 만성 폐병으로 8000여 명의 사망자가 더 늘어났다. 이 사건은 세계 모든 나라에 스모그의 공포와 함께 경각심을 일깨우는 계기가 되었다.

로스앤젤레스(LA)는 미국 캘리포니아주 남부의 사막 기후 지대에 있는 대표적인 대도시로, 우리 교포가 많이 사는 곳이다. 불리한 자연조건에도 LA가 대도시가 된 것은 1900년대 초부터 이곳에서 영화 산업이 발달했기 때문이다. 이후 LA는 급격한 도시화가 이루어졌다. 그런데 1943년부터 황갈색의 안개 현상이 나타나기 시작했다. 로스앤젤레스 시민들은 눈이 따가웠고 눈물을 흘렸다. 전문가들이 모여서 이 황갈색

안개의 정체를 밝혀냈는데, '자동차로부터 배출되는 질소 산화물과 탄화수소가 뜨거운 태양 빛에 의하여 스모그를 형성한 것'이었다. 로스앤젤레스에서 당시 배출된 매연물질의 80%가 자동차의 배기가스였다. 그래서 LA 스모그를 매연물질이 다시 한 번 화학 반응을 일으켜 만든 스모그라는 뜻으로 2차 스모그 또는 광화학 스모그라고 하며, 공장 매연 때문에 생긴 런던 스모그는 1차 스모그라고 한다.

지구온난화! 해결 방법이 없는 걸까?

산업 혁명 이후 기계가 인간을 대신하면서 인간은 물질적으로 풍요로워졌고, 또 편해졌다. 하지만 이런 인간의 편익은 환경 문제를 야기했다. 환경 문제를 해결하는 데는 큰 어려움과 비용이 따른다. 이제는 경제 발전이 멈출지도 모른다는 경고 징후가 곳곳에서 더욱 강렬하게 나타나고 있다. 특히 대기 중 이산화탄소의 농도가 증가하여 온실 효과가 나타나 지표면 온도가 빠른 속도로 높아지는 지구온난화는 인류의 문제로 급부상하였다. 40년 전만 해도 이를 걱정하는 사람은 거의 없었다.

지구온난화는 인간뿐 아니라 나무와 풀에게도 영향을 주어 식생의 분포를 변화시키고 있다. 고산 지대의 식물들은 낮은 곳에서 조금씩 더 높은 곳으로 서식처를 옮겨 오는 키 큰 식물들과 자리다툼을 해야 하고, 이 싸움에서 지면 더 높은 곳으로 올라가야 하기 때문에 결국 살 수 있는 자리가 크게 줄어든다.

또 빙하가 녹으면서 해수면이 높아져 바닷가에 사는 사람들을 위협하고 많은 농경지가 물에 잠기고 있다. 수온 상승에 적응하지 못한 담수어나 바닷고기는 멸종하거나 수온이 낮은 고위도로 옮겨 간다. 이 밖에도 새로운 질병으로 많은 생명체들이 목숨을 위협받고 있다. 바닷속 산호까지 하얗게 질려 죽어 간다.

인간의 반성과 노력이 없다면 이제 지구온난화는 막을 수 없는 대재앙이 될 것이다. 인간이 이 대재앙을 막아 낼 수 있을지 장담할 수 없는 현실에서 재앙의 강도라도 줄이려는 노력이 절실하다. 먼저 대기 중에 포함된 이산화탄소를 비롯하여 온실 기체의 양이 늘어나지 않도록 해야 한다. 대기 중 이산화탄소의 비중을 낮추려면 석유, 석탄 같은 화석 연료의 소비량을 크게 줄이고, 삼림과 습지를 보호해야 한다. 그러기 위해

● 기후 변화 협약

지구온난화 방지를 위해 온실 가스의 방출을 규제하는 협약으로, 정식 명칭은 '기후 변화에 관한 기본 협약'이다. 지구온난화의 주범인 탄산가스, 메탄, 이산화질소, 염화불화탄소 중 인위적인 요인으로 인한 배출량이 가장 많은 물질이 탄산가스이기 때문에 주로 탄산가스 배출량 규제에 초점이 맞춰져 있다. 그런데 지금 한창 산업화의 길로 들어서고 있는 중국을 비롯한 여러 나라들은 이런 협약이 그리 달갑지 않을 것이다.

● 파리 협정

2015년, 프랑스 파리에서 열린 제21차 유엔기후변화협약(UNFCCC) 당사국 총회(COP21)가 2020년 이후의 새 기후 변화 체제 수립을 위한 최종 합의문인 '파리 협정(Paris Agreement)'을 채택했다. 파리 협정인 신기후 체제는 2020년 만료 예정인 교토 의정서를 대체하는 기후 변화 국제 협약이다. 파리 협정은 선진국뿐 아니라 195개 당사국 모두에게 구속력 있는 첫 기후 합의다. 하지만 자발적 감축 목표를 정하지 못해 국제법상 구속력이 빠졌다는 한계가 있다.

서는 태양 에너지, 수력 발전, 지열 발전, 풍력과 같은 대체 에너지를 개발하고, 산업 설비의 에너지 효율을 높이는 노력을 함께 해 나가야 한다. 또 지구온난화와 같은 환경 문제는 국제 문제이기 때문에 지구온난화 방지를 위한 '기후 변화 협약', '파리 협정' 같은 국제 협약을 준수하는 것을 기본으로 전 지구적인 협력이 이루어져야 한다.

생물의 종류가 얼마나 빠른 속도로 줄어들고 있을까?

새로운 생물 종(種)이 생겨나는 속도에 비해 지금 존재하는 생물 종이 사라지는 속도가 최소 100배에서 최대 1만 배나 빠르다고 한다. 만약 지금과 같은 속도라면 21세기 말에는 현존 생물 종의 절반이 멸종될 것이다. 그리고 사라지는 종의 명단에 인간이 오를 수도 있다.

세계 인구는 21세기 말에 약 90억 명에 이를 것인데, 안타깝게도 인간은 사막화나 대홍수보다 지구 환경에 더 파괴적인 악영향을 끼친다. 그러면서 인간의 안전을 바라는 존재는 아마 지구상에 인간밖에 없을 것이다. 그러니 제발 깨달아야 한다. 지구에는 인간만 있는 게 아니라는 사실을.

지구에는 곤충 수만도 1조의 100만 배인 100경 마리나 있고, 박테리아의 수는 그보다 더 많아서 한 숟가락 정도의 흙 속에 10억 마리가 있다고 한다. 지금까지 밝혀진 학명만 해도 자그마치 150만 종이 넘는 미생물과 동식물이 있지만, 아직 확인되지 않은 종까지 합치면 적어도

300만에서 많으면 1억 종에 이르는 생명체가 있는 것으로 추정된다. 이 모두가 지구의 주인이다.

하지만 인간의 욕심 때문에 이미 세계 삼림의 절반이 없어졌고, 특히 동식물 종이 가장 많이 서식하는 열대림은 해마다 약 1%씩 사라지고 있다. 열대림 지역은 생물 다양성의 핵심 지역으로, 다른 곳에서 발견되지 않는 종이면서 멸종 위기에 놓인 종이 유난히 많다. 따라서 열대림의 파괴는 다른 어떤 곳보다도 생물의 다양성 관점에서는 치명적이다. 이 밖에도 온실 효과로 양극 지역을 포함한 세계의 생태계가 위협받고 있다.

더욱 잘살려는 인간의 노력이 오히려 자멸의 길이 되는 것은 아닌가 싶다. 이제라도 인간은 의·식·주나 약재와 같이 살아가는 데 중요한 원료와 연료를 제공해 주는 다양한 생물이 소멸되지 않도록 환경과 생물 다양성을 보존해야겠다. 환경이 망가지면 인간도 살아갈 수 없다.

4대강은 어떻게 파괴되었을까?

4대강, 4대강 하니까, 마치 우리나라에 강이 네 개밖에 없는 것 같은
착각이 들 정도다. 그만큼 4대강 개발 사업은 온 나라를 뒤흔들었다. 여
기서 말하는 4대강은 한강, 낙동강, 금강, 영산강이다.

2006년 이명박 전 대통령이 대통령 선거 공약으로 한반도 대운하 건
설 계획을 처음 발표했다. 서울에서 부산까지 물길로 화물을 이동시키
겠다는 구상이었다. 하지만 많은 국민들이 극렬하게 반대했다. 전 국토
의 60% 이상이 산지이고, 삼면이 바다이고, 겨울이면 강이 얼어 버리는
나라에서 운하를 만들겠다니! 그뿐인가, 고속도로가 잘 구비되어 있는
데 굳이 배를 이용해서 며칠에 걸쳐 서울에서 부산까지 물건을 싣고 갈
업체가 얼마나 될까?

그런데 대운하 건설이 반대에 부딪히자 이명박 정부는 국민의 이런
뜻을 받아들이기보다는 돌아가는 길을 택하였다. 그것이 바로 '4대강
살리기'라는 사업이었다. 죽어 가지도 않던 강을 살리겠다는 이상한 사

업이었다. 큰 강 4개를 개발해서 가뭄 대비, 홍수 대비, 수질 개선, 녹색 성장, 지역 발전을 시키겠다는 것이었다. 아니다 다를까, 그 이상한 사업으로 강을 파기 시작했다. 단순히 바닥의 모래를 긁어내는 정도가 아니라 모래 밑에 있는 기반암을 파내는 사업이었다. 홍수와 가뭄에 대비하고 강을 살린다는 사업은 실제로는 배가 다닐 수 있는 6m 깊이로 강바닥을 파내고, 대형 댐 크기의 '보'를 설치하는 운하 사업이라는 의심을 받았다.

2012년, 보 설치 후 낙동강에서 처음으로 '녹조 라떼(강물에 낀 녹조가 매우 심각해서 녹차 라떼처럼 보이기 때문에 붙여진 이름이다)' 논란이 불거졌다. 낙동강 합천 창녕보에서 유해 남조류 수가 6년 만에 112배 폭증했다. 같은 해, 금강에서는 물고기 3만 마리가 떼죽음을 당했다. 고인 물에 사는 외래종 큰빗이끼벌레가 흐르는 강인 금강·영산강·낙동강 본류에서 발견됐고, 철새들의 쉼터인 모래톱이 사라지자 철새의 모습도 줄어들었다. 4대강 사업 뒤 강은 해마다 여름이 되면 대규모 녹조로 몸살을 앓았다.

이런 환경 파괴가 세계에 알려져 루마니아에서 열린 람사르 총회에서 4대강 사업은 최악의 습지 파괴를 의미하는 '회색상(Grey Award)'에 선정되는 불명예를 안았다. 하지만 이런 국제적인 망신과 많은 국민들의 반대에도, 이명박 정부는 임기 내 완성을 목표로 진력했다. 결국 2009년에 시작된 공사는 2012년 12월에 대부분 완공되었다. 4대강 사업은 나랏돈 22조를 낭비하고 회복 불가능한 상태의 환경 파괴를 낳았다.

4대강, 지금은?

　4대강 사업은 강만 죽인 것이 아니라 이를 둘러싼 환경도 파괴하였고, 국민들이 나뉘어져 싸우는 심각한 갈등까지 야기했다.

　오늘날 어떤 이는 강바닥을 깊이 파서 가둘 수 있는 물의 양이 늘었으니, 가뭄과 홍수 대비에 큰 보탬이 되었다고 주장하기도 한다. 하지만 처음부터 4대강 본류에는 가뭄이나 홍수가 나지 않았다고 한다. 강을 살린다고 떠든 것부터가 거짓이었다는 말이다. 그리고 또 이명박 정부가 강조했던 녹색 성장과 지역 발전 효과도 찾아보기 어렵다. 강 주변에 만들어 놓았던 공원이나 시설 등은 유령 시설이 되어 녹슬어 가고 있다. 강을 파괴하면서 녹색 성장이라고 이름 붙인 것부터가 모순이고 국민을 속이는 일이었다.

낙동강에 생긴 녹조

무엇보다 '녹조 라떼'는 지금도 여름이면 사람들의 시선을 4대강으로 모은다. 특히 16개 보 중 절반이 몰려 있는 낙동강에서는 여름이면 '녹조 현상'이 심각하다. 전문가들은 낙동강은 강과 바다가 만나는 곳에 있는 하굿둑까지 사실상 9개의 댐이 막고 있는 큰 호수로 봐야 한다고 한다. 서서히 물이 흐르는 큰 호수라는 말이다. '고인 물은 썩는다.'는 말이 있다. 아주 천천히 흐르며 유속이 느려진 낙동강은 정화 능력이 감소하여 병들어 죽어 가고 있는 것이다. 상류에서 흘러내려 와 하류에 쌓여야 할 진흙 같은 뻘이 강 중간 중간 댐에 의해 막히면서 쌓이고, 거기에 녹조가 죽어서 쌓이는 현상이 심해지는 것이다.

낙동강은 강원도 태백에서 발원하여 경상도를 관통하며 약 500km를 흐르는 큰 강이다. 약 1300만 명 국민들이 낙동강을 식수로 쓴다. 특히, 경상도 사람들은 식수뿐 아니라 공업용수와 농업용수까지도 낙동강에서 끌어온다. 그러니 녹조로 오염된 강물이 미치는 영향은 다른 지역에 비해 더욱 크다.

수도권 사람들은 한강 상류 팔당댐에서 물을 끌어와 쓰고 있다. 그런데 한강에는 보의 개수가 적고, 수질 관리가 잘 되는 편이라서 큰 걱정은 없다. 금강 주변의 충청도, 전라도 사람들은 보와는 상관없는 대청댐에서 먹는 물을 끌어온다. 영산강 주변의 전라도 사람들은 섬진강에서 끌어온다.

4대강 대책은 무엇일까?

강바닥을 깊이 깎아 파 버린 강은 완전히 회복되지 못한다. 문재인 정부가 들어서 '4대강 재자연화'를 추진하고 있지만 이것이 성과를 내어 국민들이 건강한 4대강을 볼 날이 언제 올지는 묘연하다.

그렇다고 가만히 있을 수도 없다. 우선은 물의 흐름을 되찾아 녹조를 제거해야 한다. 그러려면 강의 흐름을 방해하고 있는 거대한 보(댐)부터 해체해야 한다. 하지만 이것도 쉬운 일이 아니다. 보가 있어서 해택을 봤던 사람들은 보 해체를 적극적으로 반대하고 있다. 특히, 농사지을 물이 부족하게 될 거고, 보 위로 놓인 교통로가 사라져 불편해질 거라고 주장한다. 하지만 세계 145개 시민 단체가 참여하는 세계습지네트워크(WWN)나 일본람사르네트워크 같은 환경 단체들은 4대강 수문을 열고, 보를 해체해야 한다고 한국 정부에 말하고 있다. 이들은 2019년, 환경부가 발표한 금강과 영산강 보 처리 방안에 대해 전적으로 지지한다고 발표하기도 했다. 우리나라의 4대강 재자연화 시민 위원회 역시 "지난 10년간 보 준설의 실효성은 없었고, 수질 악화와 생태계 파괴가 진행되는 것을 확인했다."고 밝혔다.

앞으로의 4대강 사업은 강의 흐름을 회복하는 사업이다. 환경부는 4대강에 설치된 16개 보를 해체 혹은 일부 해체하거나 상시 개방하는 등 강의 흐름을 회복하는 데 진력을 다해야 할 것이다.

국토 이야기

이 땅에서 우리 민족은 고조선 시대, 삼국 시대, 고려 시대,
조선 시대를 거쳐 반만 년을 살고 있다. 자연의 시간에서 5000년은
아무것도 아니지만 인간의 역사에서는 정말 긴 시간이고,
우리나라의 역사에서는 전부이기도 하다.

우리 땅의 주인은 아주 오랫동안 바뀌지 않았지만,
주변국과의 관계에서 영토의 크기는 변화해 왔다.
한때는 만주 벌판까지 나아갔지만, 지금은 한반도에서도 반토막 난 모습이다.
이런 형편에서 더 안타까운 일이 벌어지고 있다. 전 세계 사람들에게
우리 땅을 우리 땅이라고 큰 소리로 알려야 하는 웃지 못할 일이
수십 년 동안 지속되고 있다.
역사 속 지도에서는 거의 모두 독도를 우리 땅이라고 말하고 있는데,
일본만이 아니라고 우기고 있다. 왜 이런 일이 벌어질까?

'국토 이야기'에서는 우리 땅의 의미와 범위를 자세히 살펴본다.
이는 왜 아직도 답답한 영토 분쟁이 끊이지 않는지, 왜 많은 조상이 목숨 걸고
영토를 지키기 위해 전쟁터로 나섰는지를 이해하는 기회가 될 것이다.

우리 땅을 왜 한반도라고 할까?

노르웨이와 스웨덴이 있는 스칸디나비아반도, 인도반도, 아라비아반도, 에스파냐와 포르투갈이 있는 이베리아반도와 같이 우리는 '반도'라는 말을 흔히 듣는다. 반도는 육지 중에서 바다를 향해 튀어나온 땅이다. 우리나라에도 변산반도, 태안반도, 옹진반도, 고흥반도 같은 것들이 있다.

한반도는 우리나라 땅을 이를 때 쓰는 말이다. 우리나라 사람들이 한족(韓族)이기 때문에 유라시아 대륙 동쪽 끝에 태평양을 향해 튀어나와 있는 반도를 한반도(韓半島)라고 한다. 유라시아 대륙도 바다로 둘러싸인 섬이 아니냐고 따지는 사람이 이따금 있는데, 그렇다면 전체 지구의 29%를 차지하는 육지는 71%의 바다로 둘러싸여 있으므로 지구에 있는 모든 땅은 다 섬이라고 해야 할 것이다. 하지만 아시아, 아메리카, 아프리카, 오스트레일리아를 섬이라고 말하는 걸 들어 본 적 있는가? 그런가 하면 남한과 북한을 합친 것보다 10배나 큰 그린란드는 섬이라고 한다.

국경선은 어떻게 정해질까?

영역은 단순한 땅이 아니라, 적으로부터 자신을 지키고 자기 가족을 지키며 자손 대대로 살아갈 곳이다. 따라서 자신의 종족을 보존하기 위해서는 목숨 걸고 영역을 지키며, 때로는 더 많은 것을 확보하려고 싸움을 하여 남의 영역을 빼앗기도 한다. 이런 면에서는 인간의 삶도 동물의 삶과 별반 다르지 않다.

국가 간의 경계인 국경선은 바다나 큰 산맥, 큰 강으로 되어 있는 것이 예사지만, 그렇지 않은 경우도 많다. 세계 지도를 보면 아프리카 대륙의 여러 나라들, 그리고 북아메리카의 미국과 캐나다의 국경선이 직선으로 되어 있다. 특히 아프리카는 영국, 프랑스, 네덜란드 같은 나라가 식민지를 나누는 과정에서 책상에 앉아 지도를 펴 놓고 경도와 위도에 따라 국경선을 정했기 때문에 국경선이 직선이 된 경우가 많다. 지금도 아프리카에서는 국경선 때문에 민족 간의 분쟁과 갈등이 생겨 수많은 사람이 죽고 난민이 발생하고 있다. 수천 년 동안 지켜 왔던 민족 간의 경계를 무시하고 설정된 국경선 때문에 서로 원하지 않는 민족이 한 나라 국민이 되는가 하면 하나의 민족이 두 나라로 갈라지기도 했다. 이런 상황에서 다수 민족이 소수 민족을 괴롭히고 죽이는 일이 반복되고 있는 것이다.

현재 우리나라의 국경선은 세종대왕 때 정해 놓은 것이다. 남한과 북한의 경계선은 광복 직후 미국과 소련에 의해 위도 38°를 기준으로 군사 분할 경계선이 생기면서 '38선'으로 이르다가 한국전쟁을 겪은 후 '휴전선'으로 바뀌었다. 휴전선은 길이가 약 250km(155마일)로, 서쪽으로 예성강과 한강 어귀의 교동도에서 시작하여 개성 남쪽의 판문점을 지나 철원, 금화를 거쳐 동해안 고성의 명호리에 이른다.

우리 바다를 지켜라?

우리나라의 바다(영해)는 해안선으로부터 12해리인데 서·남해안과 동해안의 영해를 정하는 기준이 서로 다르다. 서·남해안은 해안선이 들 쭉날쭉하고 동해안은 비교적 단조롭기 때문이다.

해안선이 단조로운 해안에서는 해안선으로부터 바로 12해리를 적용한다. 그래서 이때의 영해 기준선을 '통상 기선'이라고 하는데, 우리나라의 동해안, 울릉도, 제주도에서의 영해는 해안선으로부터 12해리이다. 1해리는 1852m이며, 12해리는 약 22km이다. 1978년부터 세계적인 흐름에 따라 우리나라도 영해 12해리를 적용하고 있다.

한편 해안선이 복잡한 서해안과 남해안은 해안에서 가장 멀리 떨어진(가장 바깥) 섬, 이를테면 소령도, 서격렬비도, 어청도, 상왕등도, 홍도, 소흑산도, 절명서, 거문도, 간여암을 직선으로 이어서 영해 기준선을 만들고, 이 '직선 기선'으로부터 12해리를 적용한다. 그래서 실제로 우리 바다는 서해와 남해가 동해보다 넓다.

만약 서해안이나 남해안에서 간척 사업을 하면 영해가 넓어질까? 시험에서 잘 물어보는 내용이기도 한데 정답은 '그렇지 않다.'이다. 간척은 주로 본토의 바닷가에서 이루어지므로 간척을 해서 영토가 넓어져도 서해와 남해에서는 가장 바깥 섬을 연결한 직선 기선을 적용하기 때문에 영해가 더 넓어지지는 않는다. 즉, 간척과 기준 기선이 되는 곳이 관계가 없다는 뜻이다.

그럼 일본에 가까이 있는 대한해협에서는 영해를 어떻게 정할까?

대한해협은 한반도
의 동남쪽과 일본
의 쓰시마섬 사이에
있는 바다이다. 대한
해협을 건너 쓰시마
섬까지는 약 50km,

일본 본도 중 하나인 규슈까지는 약 200km이다. 이곳에서는 서로 마주
보는 두 나라가 양보하지 않으면 두 나라 영해 사이에 공해(公海)가 없어
지기도 한다. 대한해협을 사이에 둔 우리나라와 일본 사이의 평균 해역
너비는 23해리다. 그래서 우리나라와 일본은 직선 기선을 적용하여 3해
리를 양국의 영해로 정하고 그 사이에 공해를 두어 다른 나라 배가 통행
할 수 있게 하였다.

• 동해 VS 일본해

일본에서는 '동해(東海)'를 '일본해(Sea of Japan)'라고 고집하지만 우리는 인정하지
않는다. 현재 다른 나라에서 쓰는 세계 지도를 보면 일본해로 표기된 것이 많은데,
이는 우리나라가 바다의 이름을 정할 당시가 일본의 식민지였기 때문에 생겨난 일이다.
따라서 적어도 세계 지도에 동해와 일본해를 같이 쓰도록 하는 것이 우리 민족의
숙제이다. '서해'의 국제적인 명칭은 황해(Yellow Sea)이고, '남해'는 동중국해(East China
Sea)의 연장으로 우리만 사용하는 이름이다.

하늘엔 주인이 없을까?

현재 우리나라와 미국 간의 항공 협정은 우리나라에게 매우 억울하게 되어 있다. 서울에 도착한 미국 비행기는 우리나라와 다른 나라의 어느 곳으로도 비행할 수 있다. 하지만 미국에 도착한 우리나라 비행기는 미국 다른 도시로 비행할 수 없다. 이것은 과거에 맺은 불공평한 약속 때문이다.

항공 기술과 항공 교통의 발달로 '하늘길'의 가치가 더욱 커지고 있다. 주로 방어를 위해 영해나 영공을 분명히 정하였지만, 이제는 '교통로로서의 가치' 때문에 영공의 범위를 더 따지는 경향이 있다.

영공은 지상에서 약 10km 높이까지를 말하는데, 보통 대류권이라고 보면 된다. 그래서 인공위성은 영공을 침해하지 않는다. 인공위성은 더

높은 곳으로 다니기 때문이다.

　이제는 우리나라의 국력이 선진국으로 자리를 잡았고, 서울의 위상이 국내 수준을 넘어 국제도시에 이르고 있다. 따라서 더 많은 비행기가 우리나라의 하늘길을 거쳐 러시아, 중국, 일본으로 비행하고자 할 것이다. 게다가 남북 관계와 북미 관계가 획기적으로 개선된다면 앞으로 한반도 전체의 하늘길이 열리게 될 것이다. 대륙과 대양을 잇는 한반도의 하늘길이 자유롭게 열린다면 우리 영공의 경제적 가치는 열배, 백배 커질 것이다. 그날이 빨리 와야 할 텐데….

배타적 경제 수역이란 무엇일까?

　배타적 경제 수역인 EEZ는 'Exclusive Economic Zone'의 약자이다. '배타적'이란 말 그대로 남을 배제하거나 멀리한다는 뜻으로 배타적 경제 수역은 영해와는 다르다. 다른 나라 배가 우리 영해에 허락 없이 들어와 우리 어선 옆으로 다가서면 우리나라는 이 배를 나포하여 들어온 목적과 우리 배에 접근한 이유 같은 것을 물을 수 있다. 왜냐하면 영해는 정치적, 경제적으로 우리 소유의 바다이기 때문이다.

　하지만 배타적 경제 수역은 경제적으로만 우리의 바다다. 따라서 다른 나라의 배가 경제 수역으로 그냥 통행만 하는 것은 허락받지 않아도 된다. 하지만 경제 활동을 해서는 안 된다. 여기서 말하는 경제 활동이란 고기를 잡거나, 석유나 천연가스를 발굴하거나, 핵폭탄 실험 같은 과학 실험을 하거나, 어떤 자원이 있는지 찾아보는 '자원 탐사' 따위를 포함한다.

배타적 경제 수역은 연안으로부터 200해리(약 370km)까지이며 200해리에는 12해리 영해가 포함되어 있으니 영해를 제외한 배타적 경제 수역은 188해리다. 배타적 경제 수역에서는 모든 자원에 대해 독점적 권리를 행사할 수 있으며, 이는 유엔 국제 해양법상 보장되어 있다. 예를 들어 다른 나라 어선이 우리나라에 신고하지 않고 단순히 우리 경제 수역을 교통로로 이용하여 홍콩으로 가는 것은 괜찮다. 하지만 서해의 우리 경제 수역에서 그물을 풀어 고기를 잡으면 안 된다.

배타적 경제 수역은 1970년대에 소련과 미국이 먼저 선포하였는데, 그것을 보고 '저거 좋겠다.' 해서 바다와 붙어 있는 여러 나라들이 덩달아 선포하였다. 이렇게 되니 세계적으로 좋은 어장이 각국의 경제 수역에 포함되고 말았고, 따라서 각국의 원양 어업이 큰 영향을 받게 되었다. 한때, 남태평양에서 참치잡이로 많은 돈을 벌던 우리나라의 원양 어선도 먼 바다로 나가는 것에 여러 제한을 받게 되었다.

우리나라를 왜 팔도강산이라고 했을까?

역사 드라마를 보면 이런 대사가 나오곤 한다. "조선 팔도에 너 같은 놈은 없다."거나 "우리, 세상 시름 다 잊고 팔도강산이나 유람하세." 등. 여기서 말하는 팔도는 함경도, 평안도, 황해도, 경기도, 강원도, 충청도,

경상도, 전라도이다.

조선 8도를 좀 더 자세히 알아볼까?

함경도는 함흥과 경성, 평안도는 평양과 안주, 황해도는 황주와 해주, 강원도는 강릉과 원주, 충청도는 충주와 청주, 경상도는 경주와 상주, 전라도는 전주와 나주, 이렇게 그 지역을 대표할 만한 고을의 첫 글자를 따서 8도의 이름을 붙였다.

그러고 보니 경기도가 빠졌다! 경기도는 무슨 뜻일까? 혹시 '경' 자와 '기' 자로 시작되는 도시를 찾고 있다면 헛수고이다. 경기도는 서울 경(京) 자와 서울 근처의 땅을 뜻하는 기(畿) 자를 합쳐서 지은 이름이다. 다시 말해 경기도는 '서울의 터전이 되는 곳' 또는 '왕성(王城)'이 있는 특별 지구'라는 뜻이며, 계란 프라이의 흰자위에 해당한다. 노른자위는 서울이고 ….

말뜻 그대로 서울은 본래 경기도에 포함되어 있었다. 그러다가 광복 직후 서울이 특별시로 지정되면서 경기도에서 독립했다. 이때 제주도(濟州島)도 도(道)로 승격되면서 전라남도에서 독립했다.

● 팔도강산의 이름은 어떻게 바뀌었을까?

북한의 행정 구역은 1945년 해방 당시 6개의 도(함경북도, 함경남도, 평안북도, 평안남도, 황해도, 강원도)로 되어 있었다.
현재 북한은 1직할시(평양), 3특별시(남포, 나선, 개성), 9도(함경북도, 양강도, 함경남도, 자강도, 평안북도, 평안남도, 황해북도, 황해남도, 강원도)로 되어 있다.
남한의 행정 구역은 1998년 이후 1특별시(서울), 6대 광역시(부산, 대구, 인천, 대전, 광주, 울산), 9도(경기도, 강원도, 충청북도, 충청남도, 경상북도, 경상남도, 전라북도, 전라남도, 제주특별자치도)로 되어 있다.

조선 8도는 조선 태종 때(1400~1418년) 정하여 관찰사를 파견하고 도의 일을 맡아 하도록 했다. 조선 8도는 1896년에 13도로 개편되었다. 13도는 8도 가운데 경기, 강원, 황해도를 뺀 충청, 전라, 경상, 평안, 함경도를 남북으로 분할한 것이다.

독도는 우리 땅 맞다

독도를 흔히 '국토의 막내'라 일컫는다. 하지만 독도가 작고 동쪽 끝에 있어서 그러는 거지, 사실 독도는 제주도나 울릉도보다 형이다. 오히려 나이로만 따지면 제주도가 막내다. 우리 눈에 보이는 독도는 높이 168m, 너비 200m의 작은 섬이지만 눈에 보이지 않는 바다 밑으로 약 2000m가 더 뻗어 있는 정말 겸손한 화산섬이다. 독도는 신생대 3기 말에서 4기 초, 곧 250~460만 년 전 깊은 바다에서 여러 차례에 걸쳐 분출한 '화산'의 정상 부분이 파도와 바닷바람에 깎이고 남은 것이다.

독도의 영유권 주장 싸움은 100년 전으로 거슬러 올라간다. 1905년은 일제 강점기(1910~1945년)에 들어가기 전이지만 실질적으로는 이미 일제 강점기와 마찬가지인 때였다. 1905년 일본은 시마네 현 고시 40호에서 '독도'를 '다케시마'라 이름 붙이고 일본의 행정 구역에 편입시켰다. 이것이 일본이 독도를 자기 땅이라고 주장하는 주요 근거다. 일본은 200여 개의 독도 연구 단체와 '독도 탈환대'까지 운영하고 있으며, 2019년 러시아 비행기가 독도 영공을 침범했을 때는 자신의 영공을 침

독도

범했다며 러시아에게 항의하기까지 했다. 우리 입장에서는 매우 어이없고, 불쾌한 일이다. 일본 정부는 2005년부터 국방백서에 '독도는 일본 땅'이라는 일방적인 허위 주장을 넣어 무력 침탈 가능성을 열어 놓고 있다. 2019년에도 역시, 독도는 일본 땅이라고 써 넣었고, 한발 더 나가 무력 대응까지 밝히고 있다.

그러나 『세종실록지리지』나 『팔도지도』 같은 600년 전 문헌의 기록에서 독도가 우리의 영토임은 확인되고 있다.

1952년 1월에 우리나라가 '평화선'을 선포하면서 독도가 우리 땅임을 재확인하자 일본이 "무슨 소리냐?"고 따지며 시작된 영유권 시비가 해마다 되풀이되고 있다. 한국전쟁을 틈타 일본은 독도에 '일본령'이라는 한자 표지를 세우기도 했다. 정말 일본다운 짓거리다. 이에 1953년

『팔도지도』의 일부

울릉도 출신 전역 군인들이 '우리 시대 마지막 의병대'를 꾸려 일본 군함과 수차례의 전투를 벌여 그들을 물리쳤다.

그런가 하면 1980년에 일본이 또 독도 영유권을 주장하자 최종덕 씨가 독도의 서도 벼랑어귀(주소: 울릉읍 도동 산 67)로 주민 등록을 옮겨 일본은 흉내도 낼 수 없는 우리 민족의 독도 사랑을 보였다. 최씨는 수중 창고를 마련하고 전복 수정법, 특수 어망을 개발하였으며, 서도에서 '물골'이라는 샘물을 발굴하면서 독도 주민으로서 당당한 삶을 살다 1987년에 세상을 떠났다. 현재 독도는 2가구에 주민 3명이 살고 있는 유인도이다.

그뿐만 아니다. 독도에는 독도 경비대가 사시사철 독도와 그 앞 바다를 지키고 있고, 전화, 텔레비전도 설치되어 있으며, 나무 심기 같은 것을 추진하여 독도가 우리 땅임을 인정받을 수 있는 실질적이고 효과적인 조치를 해 놓았다.

1998년에 체결된 한·일 어업 협정에서 울릉도를 기점으로 경제 수역을 정하는 바람에 지금 독도가 중간 수역에 포함되었지만, 우리나라는 독도를 우리의 고유 영토로 보고 그 주변 바다를 지키고 있다.

통일을 기다리며…

우리 민족은 반만년을 한반도를 중심으로 해서 살아왔다. 삼국 시대에는 우리 영토가 지금의 중국에까지 넓게 펼쳐져 있었고, 통일 신라 시대 이후 국토가 좁아지긴 했지만 우리 민족은 여전히 한반도를 지키며 살아왔다. 그리고 조선 시대에는 압록강, 두만강까지 국토를 확장했으며, 현재의 남북한을 합친 만큼 영토를 이루었다. 하지만 현재 남북한은 분단되어 남한은 섬나라 아닌 섬나라가 되었고, 북한도 바다를 마음대로 이용할 수 없으니 몽골과 같은 답답한 내륙 국가가 되었다.

옛날에 비해 요즘은 통일에 무관심한 사람들이 늘어났고 반대하는 사람들도 있다. 물론 민주주의 사회에서 서로 다른 생각을 할 수 있고 다양한 주장이 있는 것은 당연하다. 특히, 엄청난 통일 자금이 필요하고 이에 따라 세금 부담이 늘어날 것이라는 주장이 통일을 반대하는 사람들 사이에서 설득력을 얻고 있는 것 같다.

하지만 통일이 되지 않아서 손해 보는 것이 많다는 것도 알아야 한다. 통일 자금으로 많은 비용이 필요한 것이 사실이지만 현재 분단으로 그것보다 더 많은 손해를 보고 있는 것도 엄연한 사실이다.

첫째, 휴전선과 가까운 경기 북부, 강원 북부 지역을 60년 넘게 내버려 두고 있어 국토를 효율적으로 이용하지 못하고 있다.

둘째, 기업 가치라고 할 주식 가격도 남한과 북한의 긴장 관계 때문에 실제보다 낮게 평가되고 있다. '언제라도 전쟁이 날 수 있다.'는 외국인의 걱정은 투자를 꺼리는 큰 이유가 된다.

셋째, 남북한의 대치 상황 때문에 7.4%(약 50조 원 이상, 2020년 예상)에 가까운 돈을 국방비로 쓰고 있다. 우리나라 국내 총생산의 3배에 이르는 경제력을 가진 일본의 방위비와 비슷한 돈이다. 그 돈이면 우리나라 전국에 있는 모든 고등학교까지 의무 교육을 확대할 수 있고, 초등학교에서 고등학교까지 무료로 급식을 주고 교과서를 제공할 수 있으며, 모든 학교의 책걸상, 에어컨, 온풍기, 컴퓨터를 최신식으로 교체할 수 있다.

넷째, 분단으로 생긴 진짜 커다란 문제는 긴 세월 동안 갈라져 있어 남한과 북한의 언어, 문화, 생활 양식, 사고방식에 차이가 점점 커지고 있다는 사실이다. 게사니, 건병, 동약, 이게 무슨 말인지 아는 사람은 거의 없을 것이다. 이미 남북한의 이질성이 이렇게 점점 더 커지고 있다. 게사니는 거위, 건병은 꾀병, 동약은 한약의 북한말이란다. 만약 이대로 100년이 더 지난다면 말도 통하지 않을 것이고, 그렇게 되면 통일의 필요성조차 느끼지 못할 수 있다.

따라서 여러 의견이 분분함에도 많은 국민이 원하는 평화 통일을 반드시 이루어야 한다. 독일 통일 때도 사람들의 불만이 있었지만, 80%

이상의 독일인이 "통일을 하여 독일이 옛날보다 더 크고, 더 강한 나라가 됐다."고 말하고 있다. 우리도 단순하게 1인당 국민 소득이 높은 선진국이 아니라 더 크고, 더 위대한 통일 한국에서 살게 되기를 바란다.

자유롭게 갈 수 없는 우리나라

1948년 대한민국 정부를 수립했던 당시 대한민국 국회는 북쪽을 대한민국의 국토로 보고 함경도, 평안도, 황해도를 대표하는 국회의원 100명의 자리를 비워 두었다. 북한에는 분명 우리 민족이 살고 있고, 얼마 전만 해도 편하게 오고 갈 수 있었기 때문에 다른 나라라고 생각할 수 없었던 것이다.

한국전쟁 이후, 휴전선 이북의 북한을 보통 북부 지방이라고 말한다. 하지만 지리적으로 북부 지방은 멸악산맥 이북 지역을 의미하며, 남북으로 길게 달리는 낭림산맥을 기준으로 서쪽은 관서 지방, 동쪽은 관북 지방이라 한다. 남한과 달리 북한은 다른 나라와 국경을 마주 대고 있는데, 압록강과 두만강을 경계로 대부분은 중국과 마주하고 있으며, 동해안에서 두만강을 따라 약 15km만 러시아와 마주하고 있다.

2019년, 남한과 북한은 현 정전 체제, 곧 잠시 전쟁을 멈추고 있는 상태를 끝내고 평화 체제를 만들어 나가야 한다는 데 생각을 같이했다. 그리고 이 문제와 직접 관련이 있는 미국, 중국의 정상들을 만나 종전 선언을 위한 노력을 하기도 했다. 또 남한과 북한은 공동의 경제 발전과 번영을 위해 경제 협력 사업을 활발히 하고 지속적으로 확대 발전시켜 나가기로 하였다.

남북이 정상 회담을 열어 서로를 인정하며 대화를 하기도 했지만, 현재 대한민국 헌법은 북한을 합법적인 국가로 인정하지 않는다. 그러니까 아직 북한은 대한민국 정부의 권한이 미치지 못하는 북부 지방인 것이다.

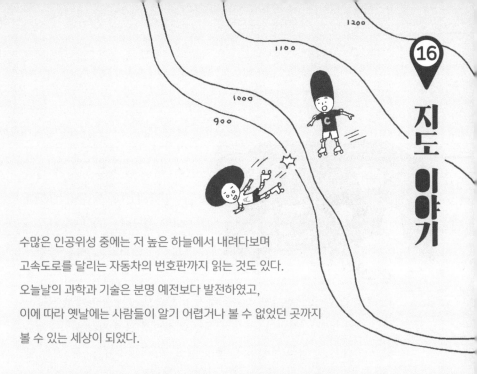

지도 이야기

수많은 인공위성 중에는 저 높은 하늘에서 내려다보며
고속도로를 달리는 자동차의 번호판까지 읽는 것도 있다.
오늘날의 과학과 기술은 분명 예전보다 발전하였고,
이에 따라 옛날에는 사람들이 알기 어렵거나 볼 수 없었던 곳까지
볼 수 있는 세상이 되었다.

그럼, 옛날 사람들은 이 세상을 얼마나 볼 수 있었을까? 사실 옛날에도
정확하지는 않지만 지구의 둘레를 알았고, 지구가 돈다는 것도 알았다.
그리고 내가 사는 곳 말고 또 다른 세상이 있음을 알고 있었다.

우리 조상들도 우리의 땅 '한반도'가 어떻게 생겼는지 알고 있었다.
중국과 우리나라가 붙어 있는 땅이며, 우리나라 동쪽에는 바다 건너 일본이
있다는 것도 알았다. 그리고 그런 모든 사실을 지도에 자세히 그려 넣었다.
그 시대 사람들은 어떻게 세계가 담긴 지도를 만들 수 있었을까?

'지도 이야기'에서는 역사 속의 지도들을 두루 살펴보면서 사람들이
자신이 사는 세계를 어떻게 생각했는지, 지도의 등고선이나 축척은 어떻게
읽는지를 알려 준다. 지도 읽기를 통해 내가 사는 공간을 사실적으로
인식하고, 이를 바탕으로 더욱 넓게 세상을 보는 눈이 열리기를 바란다.

지도는 언제부터 그려졌을까?

사하라 사막의 동굴에서 원시 시대 사람들이 동물 사냥을 하던 그림이 발견되었다. 이를 통해 사하라 사막이 옛날에는 긴 풀과 나무가 늘어선 초원이었고, 건기와 우기가 뚜렷한 기후가 아니었을까 하는 추측을 할 수 있다. 또 '원시인'이 무식해서 아무것도 모르는 미개한 사람들이 아니라 그들도 현대인처럼 의식주를 해결하기 위해 지혜를 짜냈음도 알려 준다. 그들의 벽화에는 사냥터, 샘의 위치, 맹수가 우글거리는 위험한 곳, 사냥 이동로 같은 살아가는 데 필요한 정보가 담겨 있었다.

이것이 지도의 시작으로 알려져 있다. 지도는 여러 가지 소재에 그려졌는데, 아메리카의 이누이트는 나뭇조각이나 동물 가죽에 해안선이나 자신들이 사는 곳을 그려 놓았다. 메소포타미아인들도 점토 위에 여러 가지 기호를 이용하여 집과 농경지를 그렸다.

고대 문명이 발생한 이후 인간 사회가 복잡해지면서 농사와 군사 전략에, 그리고 나라를 통치하는 데 지도가 반드시 필요하게 되었다. 이때부터는 지도도 좀 더 복잡해졌다. 물론 복잡한 지도를 단순화하는 작업도 같이 진행되었겠지?

지도(地圖)란 땅의 그림이지만 풍경화가 아니라 점, 선, 면과 기호를 이용해서 그린 약속된 그림이다.

옛날에 우리나라에도 세계 지도가 있었을까?

고조선 시대에도 이미 영토를 놓고 부족 간 싸움이 벌어졌다. 그러면 그때 각 부족은 자신의 영토를 어떻게 알 수 있고, 후손들에게 자신들의 영토가 어디까지인지를 어떻게 알려 줄 수 있었을까? 또 전쟁을 위한 작전 회의 때 어디를 공격할 것인지, 어디로 후퇴할 것인지를 무엇을 보며 말할 수 있었을까? 당연히 지도였을 것이다. 지금처럼 아프리카나 유럽이 그려진 세계 지도는 아니었겠지만 주변 부족과 자신들의

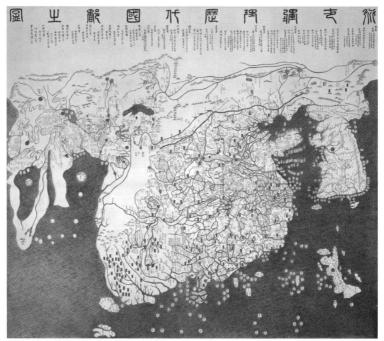

혼일강리역대국도지도 아시아에서 가장 오래된 우리의 세계 지도이다.

영토가 그려진 그 시대 나름대로의 세계 지도였을 것이다.

지금 남아 있는 지도 중 동양에서 가장 오래된 세계 지도는 혼일강리역대국도지도(混一彊理歷代國都之圖)이다. 이름이 좀 긴데, 혼일은 통일 또는 개국이란 뜻이며, 강리는 영토, 역대국도지도란 역대 나라의 수도를 표기한 지도라는 뜻이다.

지금으로부터 약 600년 전인 조선 전기 때(1402년) 김사형, 이무, 이회 등이 중국에서 온 중국 중심의 세계 지도에 우리나라의 팔도 지도와 일본 지도를 합쳐서 '혼일강리역대국도지도'라는 세계 지도를 만들었다. 이 지도에는 중국이 가운데에 크고 자세하게 그려져 있고, 서쪽으로는 실제보다 작고 단순하게 표현되어 있긴 하지만 유럽, 아프리카, 인도, 아라비아 반도까지도 나타나 있다. 이것은 그 옛날에도 세계 각 지역에 대한 정보가 지금처럼 정확하지는 않아도 간략하게나마 표현할 만큼은 있었음을 말해 준다. 그리고 지도의 중앙에 중국이 있는 것은 중화사상의 영향으로, 세계의 중심을 중국으로 보았기 때문이다.

지도에 자기를 중심에 놓고 표현하는 것은 옛날에만 그랬던 것이 아니다. 지금 나오는 지도도 나라마다 자기가 중앙에 오게 그린다. 서부 유럽이나 미국은 주로 대서양을 중심으로 유럽의 서부와 미국의 동부가 중앙에 있는 세계 지도를 쓰고, 우리나라나 일본은 주로 태평양을 중심으로 동부 아시아가 지도의 중앙에 있는

나는 세상의 중심…

엄,마!!

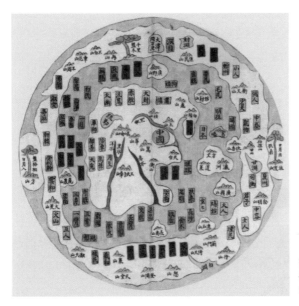

천하도 상상의 세계를 지도로 표현한 세계 지도이다.

세계 지도를 쓴다. 이건 아무것도 아니다. 남반구의 오스트레일리아는 지도를 거꾸로 뒤집어 남반구가 위쪽에 온 세계 지도를 쓴다. 이래도 될까? 하는 의심이 드는 사람은 지구가 둥글다는 사실을 기억하자.

이처럼 지도에는 각 지역 사람들의 시각이 드러난다. 그리고 지도는 모든 것을 다 표현하는 것이 아니라, 특정한 목적을 가지고 표현하고 싶은 것을 중심으로 표현하는 것이다.

중국을 중심으로 그린 세계 지도가 또 있다. '천하도'라는 것이다. 이 지도는 세계의 가운데에 중국이 있고, 동쪽에 우리나라와 일본이 있어서 사실적인 것처럼 보이지만, 그 주변에는 삼수국(머리가 셋 달린 사람들이 사는 나라), 모민국(온몸에 털이 난 사람들이 사는 나라), 여인국(여자들만 사는 나라) 따위 실제로는 존재하지 않는 상상의 세계가 그려져 있다. 이는 중국

16. 지도 이야기 **263**

의 고전인 『산해경』에 나오는 가상의 나라들이다. 『산해경』은 중국에서 가장 오래된 지리서이자 중국 신화가 담겨 있는 책이다. 아무튼 중국의 변방에 있는 사람들을 괴물로 그린 것으로 보아 중화사상이 매우 강했음을 알 수 있다.

천하도는 조선 중기에 만들어졌을 것으로 추정되며, 당시의 생각을 그린 관념도이다.

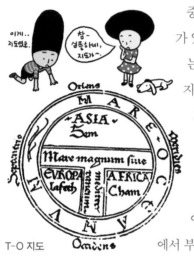

중세 유럽에도 상상의 세계를 그린 관념도가 있었는데, 바로 T-O 지도이다. T-O 지도는 그리스도교의 종교적 세계관이 표현된 지도로, 예루살렘이 세계의 중심에 있고 세 개의 대륙, 곧 아시아, 아프리카, 유럽으로 나뉘어 있다. 낙원은 아시아의 동쪽 끝(지도의 맨 위쪽)에 그려져 있다.

천하도나 T-O 지도를 가지고 세계여행을 떠난다면 아마 길을 잃고 경찰서에서 부모님을 기다려야 할 것이다.

T-O 지도

대동여지도는 어떻게 만들었을까?

1860년대 세상을 깜짝 놀라게 할 지도가 나왔다. 그것은 바로 '대동여지도'인데 지금의 지도와 비교해도 모자랄 것이 없는 지도다. 김정호는 땅에 대한 관심과 나라를 걱정하는 마음에서 '위기에는 나라를 구하고, 평소에는 통치에 쓰라.'는 뜻을 담아 대동여지도를 만들었다.

사람들 사이에서는 대동여지도가 김정호가 짚신을 싸들고 백두산을 7번이나 오르고, 자그마치 27년간 전국을 돌아다니며 실제 측량을 해서 그린 실측도라는 소문이 돌았다. 소문 정도가 아니라 옛날에는 학교에서도 그렇게 배웠다. 그것이 사실인지는 아직도 확인되지 않았지만, 아마 아닌 것 같다.

김정호는 중인 신분으로 평생 지도만 만들고 다닐 만큼 돈이 많은 부자도 아니었고, 무엇보다 혼자서 했다고 하기에는 대동여지도에 담긴 정보가 엄청 많고 매우 정확하기 때문이다. 사실 당시 교통수단을 감안해 볼 때 27번이나 전국을 돌아다니면서 답사를 했다고 해도 그렇게 정확하고 세밀하게 그리기는 어렵다.

그리고 실측도가 아닐 수 있다는 기록이 있다. 유재건의 『이향견문록』이라는 책에 "김정호를 시켜 비변사(국방부)나 규장각에 소장되어 있는 지도나 지체 높은 집안에 있는 지도를 모아서 하나의 지도를 만들려고 했다."는 기록이 있다.

이런 점으로 보아 김정호는 아마 비변사나 규장각의 지도, 그리고 각 지방의 관청에서 통치를 위해 쓰던 지도를 모아 새롭게 편집해서 지도를 만들었을 것이다. 다시 말해 대동여지도는 실측도가 아니라 편찬도일 가능성이 높다. 편찬도라고 하니까 김정호에 대해서 좀 실망스러운가? 절대 그렇지 않다. 편찬도라고 해도 김정호의 업적은 여전히 빛난다. 또 한 가지 중요한 사실은 대동여지도라는 훌륭한 지도가 있기까

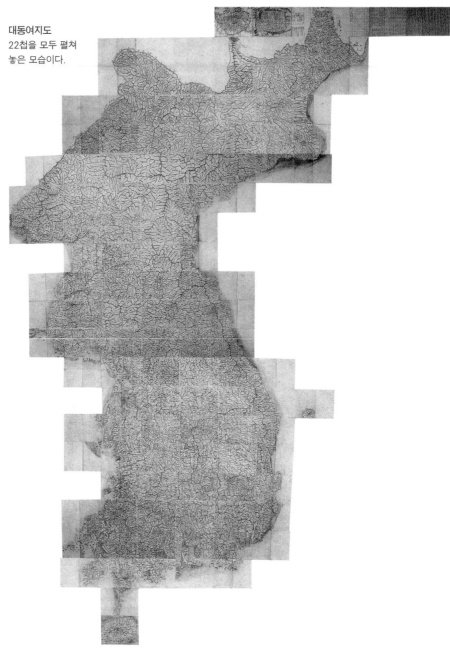

대동여지도
22첩을 모두 펼쳐
놓은 모습이다.

지 우리나라에 과학적이고 사실적인 지도들이 더 있었다는 것이다.

대동여지도는 왜 우수한 지도일까?

고산자 김정호는 청구도를 보완하여 1861년에 대동여지도 초판을 제작하였다. 대동여지도는 해안선의 모양이 실제에 거의 가까워서 지금 당장 해안 지형을 답사할 수 있는 정도며, 산줄기의 표현 방법도 높은 산지는 선을 굵게, 낮은 산지는 선을 가늘게 하여 매우 과학적이다. 대동여지도는 울릉도가 실제보다 조금 남쪽으로 내려와 있고, 중강진 부근이 북쪽으로 조금 올라간 것 빼고는 흠잡을 데가 거의 없다. 인공위성이 없던 그 시절에 이런 지도가 만들어졌다는 것은 실로 대단한 일이다.

대동여지도는 무엇보다 사실적이라는 점에서 우수성을 찾을 수 있다. 직선으로 표현된 도로 위에 10리마다 점(방점)을 찍어 축척과 실제 거리를 알 수 있도록 했다. 지금의 축척으로 환산하면 지도상의 1cm가 약 16만cm(1.6km)인 약 1:160,000의 매우 과학적인 지도이다(1:210,000이라는 주장도 있다).

또 대동여지도는 봉수, 온천, 창고, 군사, 관청을 포함해 1만 1580여 개의 지명과 행정 구역을 상세히 나타내고 있다. 그런데 이 지도를 만들 때는 그렇게 많은 내용을 좁은 종이 위에 어떻게 그려 넣을지가 고민이었다. 김정호는 기호를 이용한 '지도표'를 써서 좁은 지면을 효율적으로 이용하였다. 또 대동여지도를 보면 산을 그릴 때 산줄기를 이용해서 진

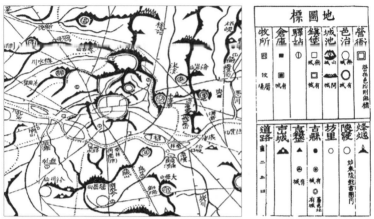

대동여지도 한양 부분과 지도표 도로, 읍, 산성 등을 기호로 표현하여 효율성을 높였다.

짜 산처럼 그렸다. 그래서 딱 보자마자 '이건 산이구나!' 하고 금방 알아볼 수 있는데, 한 가지 아쉬운 점은 등고선이 없어서 산의 높이를 알 수 없다는 것이다.

또한 대동여지도는 대중적이라는 점에서도 우수성을 찾을 수 있다. 대동여지도는 나무판에 새겨서 만든 목판본으로, 옮겨 그리는 과정에서 생길 수 있는 오류를 없앴을 뿐만 아니라, 많은 사람들이 이용할 수 있도록 대량으로 인쇄 제작이 가능하다. 또 지도를 22층으로 나누고 책자로 접어서 휴대할 수 있도록 하였다.

이처럼 대동여지도를 하나하나 뜯어보면 김정호라는 지리학자가 얼마나 대단한지, 그리고 당시 우리나라의 지도 제작 기술이 얼마나 높은 수준이었는지 알 수 있다.

등고선은 어떻게 만들어질까?

우리가 살고 있는 지표는 바둑판 같
은 평면이 아니라 높고 낮음이 있다. 마치
똑바로 누워 있는 사람의 얼굴에서 코와
이마가 높고 눈과 볼이 낮은 것처럼 지
표는 입체적인데 이것을 평면인 지도에
어떻게 표현할 수 있을까? 고민 끝에 '등고선'이라는 것을 생각
해 내게 되었다.

등고선(等高線)은 '높이가 같은 지점을 이은 선'이라는 뜻으로
평균 해수면으로부터 0m, 20m, 40m, 60m, … 식으로 각각의 높이에
해당하는 지점들을 점으로 찍은 후 같은 높이의 점들을 선으로 이어서
그린다. 이렇게 하면 입체적인 산을 평면의 지도에 그려 넣을 수 있다.

이와 같은 원리로 등고선을 그리면, 경사가 급한 산지는 등고선 간
격이 좁게 나타나고, 경사가 완만한 지역은 등고선 간격이 넓게 나타난
다. 그리고 하나의 산지에서 낮은 곳으로 돌출하여 표현되면 능선, 후미

● 지형도

지형도는 산, 평야, 바다, 강 같은 지형 외에도 마을, 공업 단지, 도시같이 우리가
주변에서 볼 수 있는 일반적인 것들이 나타난 지도다. 우리나라는 국토지리정보원에서
1:50,000, 1:25,000, 1:5,000 지형도를 발행하고 있다.

지게 들어가 표현되면 계곡이다.

만약 지형도를 보는데 1:50,000 같은 축척 표시가 안 보인다면 당황스럽겠지! 하지만 걱정하지 않아도 된다. 등고선에 적혀 있는 높이의 숫자를 보면 축척을 알 수 있다. 등고선은 계곡선, 주곡선, 간곡선, 조곡선을 이용해서 높이와 경사를 자세히 표현하는데 가장 두꺼운 선인 계곡선의 간격이 100m이면 1:5만 지도이고, 50m이면 1:2만 5000 지도다.

1:5만 지도에서 실제 거리 1km는 몇 cm일까?

축척은 실제 거리를 줄여서 지도상에 나타낸 비율로, '지도상의 거리:실제 거리'로 나타낸다. 실제 거리가 2cm인 길이를 지도에 1cm로 그리면 이 지도의 축척은 1:2가 된다. 1:50,000 지도는 실제 거리 500m(50,000cm)가 지도에서는 1cm라는 뜻이니까, 실제 거리 1km(100,000cm)는 지도에서 2cm이다.

500m를 지도 위에 1cm로 표현했다면 이것만도 작게 표현된 것인데, 우리나라 전도는 1:7,000,000, 세계 지도는 1:12,000,000 등으로 훨씬 긴 길이를 작게 표현한다. 그러니 500m를 1cm로 나타낸 지도는 실제 길이를 지도에 크고 자세하게 나타낸 지도라고 할 수 있다. 그래서 1:5000 지도는 대축척 지도, 1:100,000 이하의 세계 지도나 전국 지도 같은 것은 소축척 지도라고 한다.

이거 헷갈리지?

대축척 지도란 지도의 축소율이 적어서 지도상에 크게 표현된 지도로, 축척이 1:5000 이상인 1:5000, 1:1000 등의 지도를 말한다. 대축척 지도는 실제 측량을 해서 그린 실측도로 도시 계획, 공사 같은 구체적 설계에 많이 이용된다.

동에 번쩍 서에 번쩍
우리나라 지리 이야기

2008년 9월 12일 1판 1쇄
2018년 1월 31일 1판 13쇄
2021년 2월 25일 2판 1쇄

지은이 조지욱 | **그린이** 조성민

편집 정은숙, 최일주, 이혜정, 김인혜 | **디자인** 이혜연, 디자인 「비읍」

마케팅 이병규, 양현범, 이장열 | **홍보** 조민희, 강효원 | **제작** 박흥기

인쇄 코리아피앤피 | **제책** J&D 바인텍

펴낸이 강맑실 | **펴낸곳** (주)사계절출판사 | **등록** 제406-2003-034호

주소 (우)10881 경기도 파주시 회동길 252

전화 031)955-8588, 8558 | **전송** 마케팅부 031)955-8595, 편집부 031)955-8596

홈페이지 www.sakyejul.net | **전자우편** skj@sakyejul.com

트위터 twitter.com/sakyejul | **페이스북** facebook.com/sakyejul

인스타그램 instagram.com/sakyejul | **블로그** skjmail.blog.me

사진 13쪽 인왕산©최일주 | 20쪽 울릉도©조지욱 | 23쪽 산방산©조지욱, 제주도의 오름들©제주특별자치구관광협회
25쪽 백두산 천지©조지욱 | 26쪽 한라산 백록담©최한중 | 30쪽 낙동강 하굿둑©김선희 | 35쪽 구례 선상지©손일
37쪽 낙동강 삼각주©박상은 | 38쪽 베트남 하롱베이©송미정 | 46쪽 경호©조지욱 | 48쪽 변산반도©권동희
49쪽 제주도 외돌개©소당 | 50쪽 정동진 해안 단구©권동희 | 51쪽 군산의 뜬다리 부두©정은숙 | 55쪽 용천©최병권
76쪽 백두산©조지욱 | 90쪽 울릉도의 겨울©배상영 | 91쪽 우데기의 안팎©조지욱 | 110쪽 미세 먼지로 가득한 도시©123RF
113쪽 포항 지진©연합뉴스 | 154쪽 일산의 5일장©정은숙 | 172쪽 외국인 거리©뉴시스
178쪽 100세 시대, 181쪽 난민, 197쪽 평양직할시, 201쪽 부산광역시, 203쪽 서울특별시©123RF
221쪽 개성 공단, 239쪽 낙동강에 생긴 녹조©연합뉴스 | 253쪽 독도©해양경찰청
그림 44쪽 노르웨이의 해안©김인혜 | 143쪽 한국의 지하자원 분포도, 161쪽 한반도종단철도 지도©조하경

©조지욱 2008

ISBN 979-11-6094-713-7 43980